KB144826

LABORATORY EARTH

실험실 지구

SCIENCE MASTERS

LABORATORY EARTH

The Planetary Gamble We Can't Afford to Lose

by Stephen H. Schneider

LABORATORY EARTH

실험실 지구

—

스티븐 슈나이더가 들려주는
기후 변화의 과학

스티븐 슈나이더

임태훈 옮김

40억 년 역사의
초대형 실험실,
지구

자연과학에 대한 뿌리 깊은 잘못된 인식의 하나는 자연과학이 가치 지향적 영역이 아니라 가치 중립적 영역이라는 것이다. 이상적인 자연과학자는 실험실에서 진리 탐구라는 '과정'에 몰두해야 하며, 탐구 '결과'를 사회적으로 작용하는 문제와는 멀리 떨어져 있어야 한다는 것이다. 이러한 관점은 진리 탐구가 갖는 객관성의 측면을 일방적으로 강조한 탓에 생겨난 것이다. 자연과학의 가치 지향성을 가로막는 또 다른 요인은 부분적이고 지엽적인 모습으로 나타나는 전문성의 문제다. 각론적인 연구에만 몰두함으로써 총론적인 그림을 제대로 그려 내지 못하는 우를 범하게 되는 것이다.

스티븐 슈나이더(Stephen H. Schneider)의『실험실 지구』는 자연과학 연구자의 가치 지향성이 어떻게 나타날 수 있는가를 명확히 보여 주는 책이다. 그는 총론적인 지향점을 향하여 전문적인 여러 과학 영역의 지식을 소화하는 능력과, 탐구 결과를 사회적으로 활용하기 위한 정치적 의지를 고루 갖추고 있다. 따라서 책을 읽는 독자들은 두 가지 즐거움을 동시에 만끽할 수 있을 것이다. 하나는 40억 년의 시공간을 아우르는 기후 변화라는 주제를 폭넓은 과학 사실을 통해서 파악하는 지적 만족이다. 또하나의 즐거움은, 경제 개발 논리에 젖어 기후 변화의 문제를 '낙관적으로' 여유롭게 바라보는 사람들에게 가하는 통렬한 논박을 보는 후련함 속에서, 지구 환경의 문제를 책임질 준비를 하고 있는 자신의 모습을 발견하게 되는 일이다.

『실험실 지구』는 지구 규모의 변화를 설명하기 위해 지구를 하나의 시스템으로 보고 이와 관련된 지식을 물리학, 생물학, 사회과학 등에서 폭넓게 구하고 있다. 저자는 지구 시스템 과학이라는 토대 위에서, 지구가 처음으로 생명을 잉태한 시생대에서 출발하여 40억 년에 걸친 기후와 생물의 공진화 과정을 추적한다.

1장에서는 대기 조성에 대한 무기적·유기적 영향을 살펴보고, 2장에서는 온실 기체의 많고 적음이 지구 온도의 높낮이와 직접적인 관계가 있음을 지질 시대의 증거와 남극 빙하의 연구 결과를 통해 밝힌다. 3장에서는 대기와 해양의 순환과, 기후의 비선형 구조를 살펴보고, 4장에서는 지구를 직접 실험실로 사용할 수 없기 때문에 그 대신 사용하는 시뮬레이션 모형의 필요성 등을 알아본다. 5장에서는 다윈의 시대 이후로 널리 퍼져 있는, 기후 변화가 일어나면 생물은 이동을 통해 자신들의 다양성을 보존할 수 있다는 관점이 얼마나 잘못되었는가를 살펴본다. 그와 함께 섬생물지리학 이론을 통해서 인간의 활동이 생물 다양성을 얼마나 감소시키는가를 다룬다. 6장에서는 20달러짜리 지폐와 두 학자의 추락 사고를 소재로 한 재담을 통해서, 사회는 자연과 관계가 없다는 패러다임을 신봉하는 전통적인 경제학자들의 안이한 인식을 비판하면서 생태학적 패러다임을 주장한다.

도시 팽창, 대중 보건의 악화, 빈곤, 유해한 공해 물질, 경제 발전, 오존 구멍, 지구 온난화 등 현대 지구 환경의 제반 문제들은 좀 더 나은 생활 수준을 요구하고 성장 지향의 목적만을 추구하는 인류가 가장 값싸게 이용할 수 있는 기술만 사용하려 하기 때문에 일어난 것이다. 이 문제를 이해하고 해결하기 위해서는, 지구 생태계와 인간 사회를 통합된 하나의 시스템으로 조망하는 방법을 배워야 한다.

옮긴이는 기후 변화를 둘러싸고 있는 복합적인 과학 기술, 그리고 정책적인 논쟁의 본질을 한 권의 책으로 엮은 저자의 열의와 생각을 바로 옮기려고 최선을 다했다. 독자들에게 명확하게 전달되지 않는 부분이 있다면 이는 전적으로 옮긴이의 역량 탓이다.

한 가지 바라는 것이 있다면, 우리나라의 환경 정책을 책임지고 있는 사람들이 반드시 이 책을 읽고, 자신이 혹시 이 책의 6장에 나오는 추락하는 경제학자의 관점을 갖고 있지 않은지 자문해 보았으면 하는 것이다(경제적·시간적 여유가 없어 책을 전부 읽을 수 없다면 그 내용이 나오는 261~262쪽이라도 꼭 보았으면 좋겠다.). 너무 '지나친' 기대일까?

임태훈

젊은 날의 절박한 꿈을 마침내 이루게 되었을 때에는 더 이상 그것을 갈망하지 않게 된다는 주장은 진부한 이야기이다. 사물을 보는 시각은 분명 시간에 따라 변한다. 학창 시절에는 20쪽 정도 되는 '긴' 보고서를 써야 하는 과제가 있으면 공포가 앞섰다. 수십 년이 지난 지금, 2만 쪽 정도 되는 원고를 쓰는 데 익숙해진 나는 이제 더 커다란 근심거리를 안게 되었다. 근심의 원인은 지구 환경 변화라는 주제를 둘러싸고 있는 매우 복합적인 과학과 기술, 그리고 정책적인 논쟁의 본질을 몇 백 쪽에 불과한 '짧은' 책에 채우려는 무리한 시도에 있다.

나는 저작권 대리인인 존 브록먼(John Brockman)에게 많은 빚을 졌다. 그는 간결한 정리를 요하는 이런 연습이 사고 범위를 키워 준다는 사실을 일깨워 주었을 뿐만 아니라, 오늘날의 중차대한 과학 문제와 그 함축적 의미를 적절한 수준으로 소개할 수 있는 「사이언스 마스터스」 시리즈를 만들었기 때문이다. 내용과 맥락, 정책 논쟁에 대한 과학계의 논쟁, 제3자의 기록과 당사자의 주장 등을 이해하기 쉽고 간결하게 한 권의 책에 담는 일은 커다란 도전이었다. 필요에 따라 절충도 이루어졌으며, 각 장마다 많은 주석과 추가 읽을거리를 제공하였다(이는 내가 이 책에서 주장한 사안에 대해 더욱 자세한 답변을 듣고자 하는 독자들이, 원하는 내용을 쉽게 얻을 수 있게 하기 위함이다. 그중에는 내 저작물도 포함되어 있다.).

꽤 노력했음에도 불구하고 초고는 너무 길고 때로는 너무 산만했다. 이런 문제들을 개선하는 데에는 제리 라이언스(Jerry Lyons), 자크 그리네발트(Jacques Grinevald), 스튜어트 핌(Stuart Pimm), 러셀 버크(Russell Burke), 래리 골더(Larry Gouder)와 리처드 매닝(Richard Manning)의 편집 논평과 과학 비평이 도움이 되었다. 그리고 편집을 해 준 과학 저술가 조엘 셔킨(Joel Shurkin)에게도 감사의 마음을 전한다. 그의 (때로는 고통스러웠겠지만) 솜씨 있는 작업 덕분에 독자들은 보다 논리적으로 조직된, 간결하고 이해하기 쉬운 책을 읽는 혜택을 누리게 되었다. 또한 섀런 코너턴 (Sharon Conarton)에게서 얻은 인간 정신에 대한 균형 있는 시각에도 고마움을 느낀다. 왜냐하면 우리는 대부분 과도한 자기 혐오에 빠질 때면, 세계적인 난제는 해결하기가 어려울 것이라고 쉽게 확신해 버리기 때문이다. 또한 몇 차례에 걸쳐 초고를 입력해 주고, 촉박한 원고 마감 시간을 기꺼이 배려해 준 데브라 색스(Debra Sacks)에게 고마움을 표한다.

내 아이들 레베카(Rebecca)와 애덤(Adam)은 밤늦도록 집필과 편집을 하느라 흐릿한 눈으로 아침 식탁에 나타나는 아버지의 얼굴을 종종 마주해야 했다. 책을 쓰기 전까지만 해도 항상 아이들에게, 건강한 몸과 마음을 위해서는 숙면을 취해야 한다고 이야기하던 아버지였는데 말이다. 글을 쓰는 동안 이 대담무쌍한 아버지는 자기 자신의 충고를 잊어버렸다. 일에 몰두한 나를 지원해 준 그들 모두에게 사랑을 전한다. 일에서나 사생활에서나 항상 나와 함께하는 테리 루트(Terry Root), 그녀는 심적 압박감이 큰 상태에서 판단을 내려야 할 때 고맙게도 시기적절하고 믿음직한 시각을 제공해 주었다. 내가 재충전을 한다며 게으름을 피울 때에도 스트레스를 주지 않은 그녀의 선택에는 더더욱 감사한다. 우리는 자신과 타협할 수 있는 속도로 일을 도모할 자유가 필요한데, 그녀는 이 점을 분명히 해 주었다. 어쨌든 이 책은 그런 과정의 산물이다. 이 책을 통해 독자들이 지구에 대한 깊이 있는 지식을 추구하게 되고, 지구 시스템 문제 해결에 동참하게 되기를 희망해 본다.

문 제 는
규 모 다

푸른 별 지구. 그 모습을 우주 비행사가 우주 공간에서 찍은 유명한 사진이 있다. 그 사진은 1960년대 후반, 지구에 대한 전 세계 사람들의 인식을 바꾸어 놓았다. 그 사진은 하얗게 빛나는 극지방의 빙하와 불그스레한 사막이 있는 푸른 지구의 표면에서 소용돌이치는 흰 구름을 보여 준다. 나선형으로 말린 폭풍우는 뉴잉글랜드만 한 약 1,000킬로미터의 영역을 차지하며 보란 듯이 그 거만한 자태를 내보인다. 이는 대기를 조망하는 하나의 방식이다. 난기류 속을 날고 있는 비행기 탑승객들은 비행기가 하늘에서 흔들리는 것을 느끼면서 대기의 활동 규모가 수백 미터 정도 되리라 생각한다. 반면에 기구를 타고 한가롭게

떠다니면서 빗방울이나 눈송이를 하나하나 볼 수 있는 사람이라면 대기를 몇 밀리미터 단위의 작은 규모에서 이해해야 한다고 결론짓는다. 어떤 측면에서는 이런 관찰들은 모두 옳다. 그리고 그것은 여러분이 무엇을 찾고 있는가, 또는 무엇을 보고 있는가에 따라 달라진다.

예를 들어 우리는 폭풍우가 밀려오는 하늘을 올려다보면서 우연히 동에서 서로 움직이는 구름을 볼 수도 있다. 그렇다면 그것이 저 위의 폭풍우도 동에서 서로 움직이고 있다는 것을 뜻할까? 대규모로 진행되는 관계를 올바르게 파악하기 위해서는 더욱 큰 사진이 필요하다. 다시 말해 언젠가 프린스턴 대학교의 수리생태학자 사이먼 레빈(Simon Levin)이 말한 것처럼, 세상은 그것을 보는 창의 크기에 따라 매우 다르게 나타난다.[1]

하나의 규모로 세상을 본 뒤에 그것을 근거로 다른 규모로 벌어지는 일을 추정·판단하는 일은, 그 어떤 일보다도 불필요한 논쟁을 일으키는 근원이 된다고 생각한다. 이는 과학 논쟁에서는 물론, 사람들 사이의 관계에서도 마찬가지다.[2]

자연계는 여러 가지 현상이 일어난다. 그 현상이 일어나는 공간 규모와 상호 작용의 범위는 놀라울 정도로 다양하다. 이런 다양성은 시간 규모에서도 나타난다. 우리는 경험을 통해 바람이 불고 바닷물이 흐른다는 사실을 알고 있다. 그러나 이러한 사실은 지구가 가진 역동성의 아주 작은 일부분에 불과하다. 우리가 알고 있는 '고체' 지구는 단단히 굳어 있는 것도, 공간적으로나 시간적으로 지도에 영구히 고정되어 있는 것도 아니다. 앞으로 살펴보겠지만 대륙의 이동은 기후에, 그리고 그곳에 사는 생물들에 커다란 영향을 끼칠 수 있다.

　지진이나 산사태, 빙하와 같은 지엽적인 현상들은 사람의 시간틀에서 관찰할 수 있는 운동이다. 이와 달리 대륙 규모로 일어나는 거대한 지구 운동은 수천 년에서 수백만 년에 달하는 시간틀로 파악해야 한다. 이런 운동을 조망하기 위해서는 특별한 장치와 창조적인 통찰력이 필요하다. '고체' 지구가 공기와 물, 그리고 생물과 어떻게 상호 작용하는가는 지구를 하나의 시스템으로 이해하는 데 매우 중요하다.

　구름에 관한 미시적 물리학의 지식이 제아무리 심오하다고 해도, 그것만으로는 지구의 기후 현상과 그것을 결정하는 대규모 장치의 제반 작용을 파악할 수 없다. 그렇다면 우리는 기상, 기후, 생태학, 사회, 환경의 변화에 대한 논의의 초점을 어느 규모에 맞추어야 할까?

우리가 가진 경험만으로는 자연계에서 일어나는 중요한 현상을 모든 범위에 걸쳐 샅샅이 조망할 수 없다. 우리의 개인적인 척도는 너무 제한적이다. 우리를 둘러싸고 있는 자연의 풍부한 다양성에 대해 지각의 창을 열어젖히기 위해서는 보다 큰 공동체(이 경우에는 지구 시스템 과학자들을 들 수 있다.)의 관찰과 추정이 필요하다.

맥락 속의 내용

지금까지 오랫동안, 철저한 연구 없는 분석은 피상적인 것이 되고 말 것이라고 주장하는 사람들이 큰 목소리를 내 왔다. 사실 산업 혁명 시대 이래로, 전문화는 학계와 경제계의 성공을 가늠하는 척도였다. 그러나 현실 문제의 광범위한 맥락에 대한 감각이 결여된 학문의 전문화는 긴급한 문제를 이해하고 해결하는 데 필요한 것을 제공하지 못할 수도 있다고 이야기하는 사람들이 점차 늘고 있다. 좁지만 깊이 있게 현실 문제에 접근하는 것이 더 좋은지, 아니면 깊이를 강조하지 않고 각 전문 분야의 통합을 강조하는 것이 더 좋은지를 두고 길게 논쟁하는 것은 현명한 일이 아니라고 생각한다. 그 논쟁이 아무리 열정적으로 이루어진다고 해도 내용(content) 대 맥락(context)의 대립(또는 대규모 대 소규모의 대립)은 어리석고 그릇된 이분법일 뿐이다. 세상은 분명 대규모의 관점과 소규모의 관점을 모두 필요로 한다. 여기에서는 물론 피상성을 떨쳐 버릴 수 있을 정도의 충실한 내용과, 긴급한 현실 세계의 문제를 처리하기에 충분한 맥락이 조화를 이루어야 할 것이다.

지면의 제한으로 이 책에서 전문적인 설명이 필요한 모든 관련 분야를 깊이 있게 논의할 수는 없다. 그러나 나는 환경과 관련된 광범위한 주제들을 충분히 상세하게 탐구함으로써 기후 변화와 그것이 품고 있는 생태학적 의미에 대해 알려져 있는 많은 내용을 설명하고자 한다. 또한 포괄적인 환경 논쟁에서 기후 변화에 대해 확실치 않은 점을 확인할 것이다. 나는 환경과 경제 사이에서의 균형 잡기라는 현실적인 맥락을 이용해서, 내용을 정리할 수 있는 지침을 얻어 낼 것이다.

공해가 환경을 파괴할 수 있다는 인식은 새로울 것이 없다. 이는 무절제하게 태운 석탄이 유발한 런던 스모그가 악명을 떨치던 19세기의 역사가 가르쳐 준 교훈이었다. 다시 몇 세기 전, 아시아의 헐벗은 산등성이에서 일어난 토양 침식은, 농사와 벌채는 철저한 산림 보존과 함께 이루어져야 한다는 뼈아픈 교훈을 남겼다. 그러나 이러한 초기의 교훈들에는 두 가지 특징이 있다. 모두 특정 지방이나 지역에서만 나타났으며, 피해가 명백해진 후에야 그 사실을 깨닫게 되었다는 것이다. 이에 비해 21세기의 환경 문제는 단순히 어떤 지방이나 지역의 규모에 그치는 것이 아니라 지구 규모로 나타난다는 특성이 있다. 또한 훨씬 더 심각하고, 오래 지속되고, 되돌릴 수 없는 결과를 초래할 수 있다는 특징이 있다. 21세기 환경 문제의 이러한 특성상 시행착오를 통해 교훈을 얻는 것은 돌이킬 수 없는 피해를 방치하는 일이 될 것이다. 지구가 실험실이 될 때, 우리는 지구 전체 규모의 실험을 실행하기에 앞서 그 실험이 낳을 결과를 예상해야만 한다. 그것이 바로 우리가 이 책에서 탐구하고자 하는 지구 시스템 과학을 지지하는 이론의 근거가 된다.

내가 앞으로 제기할 지구 규모의 환경 문제는 '지구 변화 (global change)'로 불리고 있다. 이는 지구를 하나의 전체 시스템으로 연구하는 사람들이 지구 전체 규모로 진행되는 변화를 설명하기 위해 만든 용어로, 이 변화는 서로 연관되어 있는 지구의 시스템(물리적·생물적·사회적)에 영향을 주며 인간은 이런 변화에 일정한 영향을 미치고 있다. 인간은 분명 대륙을 이동시킬 수 없다. 그런데도 '지구 변화'의 한 부분으로서 대륙의 이동을 연구하는 이유는 무엇일까? 이는 이동하는 대륙이 대기 중의 기체와 기후, 생물 진화에 어떤 영향을 끼치는가를 이해하지 않고서는, 인간 활동에 의한(즉 사람들이 야기한) 지구 변화의 영향을 확실히 예측하는 데 필요한 배경 지식을 얻을 수 없기 때문이다.

　　나는 지질학, 생태학, 대기과학, 생물학, 에너지공학, 화학, 농업경제학, 해양학, 정치학, 경제학, 그리고 심지어 심리학 등의 전통적인 학문 분야에서 알게 된 것들을 언급할 것이다.[3] 또한 인간이 어떻게 행성 시스템의 다양한 구성 요소들을 교란시키고 있는가를 살펴볼 것이다. 이 책에서는 다음과 같은 많은 지구 시스템 과학의 문제들이 제기될 것이다.

- 기후와 생물이 지금 상태로 진화하는 데 걸린 시간은 얼마인가?
- 생물과 무생물 부분을 포함한 하위 시스템 집합의 결합체인 지구 시스템은 어떻게 작동하는가?

- 인간은 지구 시스템을 어떻게 교란시키고 있는가?
- 자연계에 대한 연구는 인간의 간섭이 자연계에 어떤 영향을 끼칠 것인가를 예측하는 데 어떤 도움을 주는가?
- 환경 보호와 경제 발전 사이에서 균형 잡기란 어떤 것을 말하는가? 그리고 겉보기에 서로 대립하는 이해를 갖는 이 두 부분을 조화시킬 수 있는 방법은 무엇인가?

전체는 부분의 합보다 더 나빠질 수 있다

지구 변화 중 가장 심각한 결과를 낳을 수 있는 것으로 보이는 문제는 서식지의 파괴와 기후 변화가 결합해서 나타나는 상승적인 영향이다. 사람들은 농장이나 정착지, 광산, 그리고 다른 개발 활동을 위해 자연 상태의 서식지를 파괴한다. 기후가 변화하면 각각의 동식물 종은 과거에 그랬던 것처럼 가능한 한 기후 변화에 적응해야 할 것이다.[4]

전형적인 적응 방식은 이주다. 이는 수만 년 전 마지막 빙기(빙하 시대 중 특히 기후가 한랭하여 빙하가 발달, 확대하여 세계적으로 해수면 저하가 생겼던 시기. 빙하기라고도 한다.—옮긴이)가 쇠퇴하던 때에

가문비나무가 했던 일과 같은 것이다. 그러나 그 시대 이래로 이 땅의 모습은 극적으로 변화했다. 이주를 통해 빙기를 견디고 살아남은 모든 종들은 과연 21세기의 고속도로, 농업 지대, 산업 지역, 군사 기지와 도시를 가로지를 수 있을까? 선한 과학이라면 어떻게 해야 생물 보존 작업을 경제적으로 또는 정치적으로 가장 실천적인 방식으로 진행할 수 있는가 하는 질문에 답하는 데 도움이 되어야 할 것이다. 지구 변화를 다루는 과학은 이런 종류의 질문을 살펴보는 것과 관련이 있을 것이다. 여기에 답하기 위해 우리는 학자들에게 가서 이렇게 물어야 한다. 당신들은 어떤 지식을 갖고 있습니까? 의사이건 지구 시스템 과학자이건, 전문가들에게 물어볼 가장 중요한 두 개의 질문은 단순하다. '어떤 일이 일어날 수 있습니까?' 그리고 '그 일이 일어날 가능성은 얼마나 됩니까?' 지구 시스템 과학자들은 실제 문제들을 그것이 발생한 규모에서 처리하는 독창적인 통합체 속에 여러 학문 분야에서 나온 정보를 통합하기 위해 노력하고 있다.

환경의 적은 우리 안에 있다

사람들이 의도적으로 환경 문제를 일으킨다고 보기는 어렵다(법을 어겨 가면서 유독성 폐기물을 버리고, 침략한 나라의 유전에 불을 지르는 예외적인 경우가 있기는 하지만 말이다.). 오히려 대부분의 환경 문제는 비록 작은 규모지만 지구 전체적으로 일어나는 개개인의 사소한 행위들이 수없이 겹쳐져 정말 우연히 일어난다. 우연한 것이든 의도적인 것이든, 지역적으로 중독된 물고기나 전 세계적으로 변화된 기후는 모두 손상받은 것이다. 동기는 환경적인 충격과는 관계가 없다. 그것은 재해의 결과를 다루는 데 적용될 수 있을 뿐이다. 우리가 환경에 행하는 많은 일들은, 우리가 의도하든 하지 않든 행성 지구에 대해 행하는 일종의 실험이다. 우리의 행동이 낳을 수 있는 의도되지 않은 결과를 의식하는 일은 우리 모두의 책무다. 정치적으로는 무시하거나 부인하는 것이 훨씬 간단한 '해법'일지라도 말이다. 언젠가 스탠퍼드 대학교의 집단생물학자 폴 에를리히(Paul Ehrlich)가 신랄한 어조로 "자연의 법칙에 대한 무지에는 용서가 없다."라고 말했듯이.

인간이라는 차원

전 세계적인 규모로 일어나는 환경 파괴의 원인은 대부분, 더 높은 생활 수준을 요구하는 사람들이 늘어난다는 것과, 그들이 자연을 오염시키고 파괴하는 기술을 사용한다는 것이다. 이것을 표현하는 공식은 I =PAT이다. 이는 1971년 폴 에를리히와 당시 캘리포니아 대학교 버클리 분교에서 에너지 분석학자로 있던 존 홀드런(John Holdren)이 정식화한 것이다.[5] 이것이 뜻하는 바는, 환경 충격(I)이 인구(P)와 1인당 풍요도(A), 그리고 사용한 기술(T)을 곱한 값과 같다는 것이다. 관찰자가 대규모, 즉 전 세계적인 규모를 포기하고 지역적인 환경 문제로 눈길을 돌리면 이 세 가지 요인은 쉽게 보이지 않을 수도 있다. 규모가 달라지면 확인할 수 있는 요인도 달라진다. 지역적인 수준에서 바라보면 부패한 관리들이나 무책임한 산업계가 환경 문제의 주요 원인으로 나타난다. 하지만 그보다 더 큰 규모에서 보면 토지와 에너지의 사용 증가, 폭발적인 인구 증가가 문제가 될 수 있다.

나는 우리의 분석이 유용하다면 지구 변화에서 인간이라는 차원을 피할 수 없으리라고 말했다. 어떤 나라들은 분명 다른 국가들보다 경제적으로 부유하다. 그리고 개발도상국의 경제 계획을 주도하는 힘은 경제적 평등을 이루려는 노력이다. 이러한 계획이 지구 환경을 위협할 수 있다는 주장이 제기되면 국가 간의 긴장이 폭발한다. 지역적인 수준에서 오염을 일으키는 연료에 세금을 물리는 것과 같은 일은 자원 보호와 좀 더 오염이 적은 대체물의 개발이나 보급을 자극하는 동기가 된다. 그러나 세금의 부과는 에너지의 가격을 높이기 때문에, 이런 일은 부유한 사람들보다 가난한 사람들에게 더 커다란 충격을 준다. 경제적으로 어려운 사람들은 대개 환경 보호보다는 경제 성장에 더 우선적인 관심을 보인다. 이러한 환경 대 개발, 또는 평등 대 효율의 문제에서 균형을 취하는 일은 이미 뉴스거리가 되어 있으며, 향후 수십 년 동안 많은 논란을 일으킬 것이다. 오늘날의 경제 발전에 대한 욕구와, 자식들을 우리보다 더 부유하게 만들고 싶은 바람이, 오늘날의 결정에 참여할 수 없는 후손들에게 환경 문제를 유산으로 남겨 줄 수도 있다는 것이다.

현재 세계 인구는 55억~60억 명이다. 그중 10억 명은 영양 결핍 상태에서 살고 있으며, 매년 1000만 명의 사람들이 영양 부족과 관련이 있는 질병으로 사망한다. 이 질병들은 영양 공급

만 제대로 이뤄지면 다 예방할 수 있다. 이 사람들은 좀 더 나은
생활 수준을 요구하고 갈망한다. 그러나 지구에 대한 영향을 무
시하고, 그 권리를 만족시키기 위해 내린 결정은 온당할 수 없
다. 심지어 이런 논쟁들의 근거에 대해서도 문제 제기를 해야
한다. 사회과학자 로빈 캔터(Robin Cantor)와 스티브 레이너(Steve
Rayner)는 이런 가치관의 갈등에 대해서 다음과 같이 말했다. "환
경 논쟁은 사람들이 자신들의 정치적·도덕적 신념을 지탱해
주는 신화적 자연관을 간절히 바란다는 맥락에서 이해될 수 있
다."[6] 결국 자연과학과 사회과학은 환경 대 개발의 문제가 가진
딜레마의 깊이와 폭을 명확히 하기 위해 인본주의적인 연구와
조화를 이룰 필요가 있다. 지구 환경을 조절하는 시스템에 대한
우리의 이해가 커짐에 따라, 무수한 상호 연관성에 대한 이해와
가능한 해결책이 구체화될 것이기 때문이다.

　　나는 지역적인 문제에 대해, 그리고 이것이 전 세계의 환경
과 전 지구적인 문제에 끼치는 파괴력에 대해 이야기할 것이다.
사실 이런 파괴력은 지역의 환경에 영향을 줄 수 있다. 지구라
는 이름의 시스템에서 일어나는 일들은 모두 다른 일과 연결되
어 있기 때문에, 환경 문제와 그 연구는 매력적인 것이다. 그리

고 변수들 사이의 연관성은 지각할 수 없을 정도로 미묘한 반면, 때때로 그 결과는 모두 너무나 자명하다. 우리는 분명 아직 모든 답을 알지 못하며, 심지어 아주 중요한 질문들조차 알지 못한다! 서로 다른 학문 분야의 협동 연구팀이 전 세계적인 변화의 과학과 관리 문제를 적절히 평가하는 데에는 수십 년의 세월이 소요될 것이다. 그러나 이미 많은 부분이 알려져 있으며, 우리는 위험을 줄이기 위해 많은 일을 할 수 있다.[2] 변화를 일으키려는 정치적 의지와 과학 지식을 가진 교양 있는 대중은 우리가 직면한 수많은 난제들을 처리할 수 있을 것이다. 바로 이 점이 이 책이 소망하는 것이다.

기후와 생명의 그늘진 미래를 살피기 전에, 우선 몸을 돌려 우리의 생물지리학적인 뿌리로 여행을 떠나는 것이 필수적이리라. 젊은 지구가 최초로 생명을 잉태했던 시대, 머나먼 과거의 시생대로.

스티븐 슈나이더

옮긴이의 말   **40억 년 시공으로서의 환상적 여행** 4

감사의 말 8

머리말   **문제는 규모다** 12

1 | **살아 있는 지구** 29

2 | **기후와 생물의 공진화** 69

3 | **무엇이 기후 변화를 일으키는가?** 117

4 | **인류에 의한 지구 기후 변화의 모형** 143

5 | **생물의 다양성과 새들의 투쟁** 187

6 | **우리는 무엇을 해야 하는가?** 225

참고 문헌 297

찾아보기 312

LABORATORY EARTH

실험실 지구

1
살아 있는 지구

타임머신을 타고 수십억 년 전의 먼 옛날로 여행하면서 지구에서 실제로 일어난 변화를 알아볼 수 있는 기회가 주어진다면 머뭇거릴 지구과학자는 한 사람도 없을 것이다. 실제로 이런 일이 일어난다면 과학자는 수백만 년의 세월을 거슬러 올라가면서, 지구 표면 위로 미끄러지듯 움직이는 판(plate), 그리고 그 판들의 위치와 대기의 조성, 거기에서 살고 있는 생물이 변화하는 모습을 생생히 볼 수 있을 것이다. 그리하여 그는 생물의 진화에 영향을 주는 공기와 땅, 그리고 물에서 나타난 변화를 기록할 수 있을 것이다. 여기에서 조금만 더 관심을 기울이면 생물이 공기와 땅, 그리고 물의 성질을 어떻게 변화시키는가도 확인할 수 있을 것이다. 유기체와 무기체는 서로 연결되어 있다. 마찬가지로 지구 화학과 생물학, 그리고 지질학과 기후학은 연관을 맺고 있다. 타임머신에서 보면 모든 것이 움직이고 끊임없이 변화한다. 마치 생물과 무생물이 한데 모여 역동적이고 거대하고 복잡하며 진화하는 결합체를 형성하는 것처럼 보일 터이다. 그러나 이토록 놀라운 허구의 은혜를 입지 못한 경우에는, 또한 그 관찰자가 수십억 년에 걸쳐 나타나는 막대한 패턴을 밝히기 위해 매우 정교한 방법을 사용하는 공동체의 일원이 아니고서는 이런 패턴을 쉽사리 포착하지 못한다. 그와 같은 공동체와 그들이 사용하는 방법을 가리켜 지구 시스템 과학이라고 부른다.

이런 역동성은 지질 시대, 즉 1,000년 세월이 한순간에 불과한 것이 되어 버리는, 거의 상상할 수도 없는 긴 시간에 걸쳐 작용한다. 대개의 경우 지질학자들의 관심을 끌기 위해서는 이런 순간들을 매우 많이 모아야 한다. 허버트 웰스(Herbert G. Wells)의 소설 『타임머신(The Time Machine)』에 등장하는 인물들은 수세기에 걸친 문명의 전개를 눈으로 직접 확인할 수 있었다. 이 책에 나오는 것보다 훨씬 더 먼 과거로 여행할 수 있는 성능 좋은 타임머신을 탄 생물학자나 지질학자나 기후학자라면 생물의 진화,

그리고 생물과 지구 사이의 상호 관계도 확인할 수 있을 것이다.

　　그들의 흥미를 가장 강하게 끄는 시기는 생명 탄생의 시대, 즉 약 35억 년 전의 시생대일 것이다. 그 시대를 직접 탐사할 수 있다면 우리는 지구 시스템 과학을 요약할 수 있을 뿐만 아니라, 오늘날의 지구 온난화와 의도되지 않은 몇몇 실험이 안고 있는 위험성에 대한 논쟁에서 핵심이 되고 있는 최고의 과학적 신비를 해명할 수 있을지도 모른다. 우리는 과연 그곳에서 무엇을 발견하게 될까?

　　아마 구름을 뚫고 떠오르는 태양과 연기를 내뿜는 높은 화산, 그리고 나무도 풀도 없는 황량한 평원과 찰랑이는 파도, 폭이 1미터는 됨직한 기묘한 버섯 모양 암석들이 해안선을 따라 늘어서 있는 모습이 눈앞에 펼쳐질 것이다. 그러나 강한 자외선 복사 때문에 지상과 공기 중의 어떤 생물도 오랫동안 생존할 수 없다. 그래서 눈과 피부를 보호하는 장치 없이는 감히 타임머신 밖으로 나갈 엄두를 내지 못할 것이다. 뿐만 아니라 대기가 주로 이산화탄소로 구성되어 있으므로 산소 마스크도 써야 한다. 산소가 있기는 하지만 그 양은 현재의 약 10억 분의 1에 불과하다.

　　대기 온도는 섭씨 38도로 높은 편이지만, 정오의 태양은 우리가 살고 있는 홀로세(충적세 또는 현세) 간빙기(기후가 비교적 온난한 두 빙기 사이의 시기. 현재는 제4간빙기에 해당한다.—옮긴이)의 태양보다 약간 작고 조금 희미하다. 우리가 타고 있는 타임머신의 태양 전지에 들어오는 에너지는 약 600와트로, 이는 현재 태양으로부터 얻는 에너지와 비교할 때 25퍼센트 정도 적은 양이다. 35억 년 전에는 태양이 지금보다 더 작았다.

왜 그랬을까? 핵물리학의 연구 결과에 따르면, 태양은 비슷한 유형의 다른 별처럼 핵융합 반응을 통해 수소를 태워 헬륨을 만들면서 점점 커지고 또 밝아진다. 과학자들은 대부분 태양의 광도가 지구가 태어난 45억 년 전 이래로 약 30퍼센트 증가했고, 지난 6억 년 전보다는 5퍼센트 증가했다고 믿고 있다. 암석에 남아 있는 화석의 흔적을 채취하면, 이 시기에 생물이 급속도로 진화했음을 알 수 있다.

초온실 효과

기후학자들 대부분은 주저하지 않고 지구가 받아들이는 태양의 열이 지금보다 약 25퍼센트 감소한다면 혹한에 시달리게 되리라고 말한다. 그러나 시생대는 분명 따뜻했으며 춥지 않았다. 타임머신 밖의 온도가 섭씨 38도였음을 기억하자.

이런 딜레마는 일반적으로 '희미한 원시 태양의 패러독스'로 알려져 있다. 1970년 코넬 대학교의 칼 세이건(Carl Sagan)과 조지 멀렌(George Mullen)은 이 패러독스에 초온실 효과라는 풀이를 내놓았다.[1] 이들은 메탄(CH_4)과 암모니아(NH_3)가 지구 대기의 하층부에서 복사되는 지구 적외선을 지구 대기권 안에 가둬 두는 데 매우 탁월한 효과를 갖고 있으며, 시생대에는 이 두 기체가 매우 많았기 때문에 부족한 태양열을 보충해서 온난한 기후를 유지했을 것이라고 주장했다.

비판자들은 이들의 기발한 개념에 대해 두 기체들의 반응성이 매우 빨라서 대기에 존재하는 시간이 너무 짧고, 따라서 끊임없이 보충될 필요(아마도 생물에 의해)가 있다고 지적했다. 그렇다면 지구를 생물들이 살아갈 수 있는 따뜻한 곳으로 만들 수 있을 정도의 메탄과 암모니아가 어떻게 집적될 수 있었을까? 우리는 알지 못한다. 이것이 바로 타임머신이 지구에 호기심을 가진 사람들의 마음을 그토록 잡아끄는 하나의 이유다.

메탄과 암모니아가 생물학적 과정에서 만들어진 것인지,

아니면 시생대의 생물과는 관계없는 다른 과정에서 만들어진 것
인지의 문제는 아직 해결되지 않았지만, 현재 대부분의 과학자
들은 세이건과 멀렌의 개념을 받아들이고 있다. 그러나 메탄과
암모니아보다는 이산화탄소(CO_2)가 초온실 효과를 낳은 주된 기
체일지도 모른다는 주장도 제기되고 있다. 이 이론의 어두운 그
림자는 현재를 사는 우리에게도 드리워져 있다. 그런 현상이 시
생대에 일어났다면 이 일은 다시 일어날 수도 있지 않겠는가?

이 중차대한 문제에 답하기 위해서는, 대기의 조성과 구조
가 변화하는 과정을 알아야만 한다.[2]

과학에서는 더 많은 현상을 이해할 수 있게 해 준 해답이
반드시 확실한 최종 해답으로 이어지지 않는다. 하나의 문제에
대한 해답이 또 다른 문제를 만들어 내는 경우가 많은 것이다.
이 경우에도 마찬가지다. 이산화탄소의 농도가 현재의 수백 배
여서 시생대가 따뜻했다면, 태양이 25퍼센트 더 밝아진 그 뒤의
35억 년 동안에는 과열을 방지하기 위해 어떤 일이든 일어났어
야 한다. 과연 어떤 일이 일어났을까?

이 딜레마에 대해서는 때때로 서로 대립하기도 하는 두 가
지 일반적인 해답(실제로는 가설)이 있다. 하나의 이론은 이산화탄

소를 제거하는 무기적인 지구 화학적 과정이 온도와 이산화탄소의 양을 조절했다는 것이고, 또 하나의 이론은 이산화탄소를 제거하는 생물학적 과정이 진행되었다는 것이다. 그렇지 않으면 이 두 가지 요소가 모두 작용했을 수도 있다. 어느 쪽이든 각각의 이론은 '부(負)의 되먹임(negative feedback)'이라는 과정에 기초하고 있다.

온혈 동물인 우리는 모두 일종의 안정 장치라고 할 수 있는 부의 되먹임 메커니즘을 갖고 있는데, 생리학자들은 이것을 항상성 시스템이라고 한다. 예를 들어 너무 더우면 부의 되먹임, 즉 안정화 되먹임을 통해 땀을 내서 몸을 식힌다. 추우면 몸을 떨게 되는데 이는 무의식적으로 대사 속도를 높이고 열을 내는 방법으로, 이것 또한 안정화 되먹임에 따른 것이다.

기후 시스템에는 많은 되먹임 과정이 존재한다. 이런 과정 중에는 자동 온도 조절과 같은 안정화 과정도 있지만, 불안정화 과정도 있다. 예를 들어 보자. 지구가 따뜻해지면 눈과 얼음에는 어떤 변화가 일어날까? 일부는 녹을 것이다. 그래서 하얗게 빛나며 햇빛을 반사하던 부분이 푸른 나무나 갈색 흙, 또는 푸른 바다로 바뀐다. 이런 부분은 눈으로 덮인 들판보다 어둡고 햇빛도 반사하지 않으며 오히려 더 많이 흡수한다. 따라서 어떤 방법으로든 지구를 따뜻하게 만들어 눈을 녹이면 지구는 더 많은 태양 광선을 흡수할 것이고, 이런 되먹임 과정은 지구 온난화를 가속화할 것이다. 이런 종류의 일을 '정(正)의 되먹임 (positive feedback)'이라고 한다. 그러나 온난화에 의해 더 많은 물이 증발해서 흰구름이 생성되고 태양빛이 그 구름에 반사되어 우주 공간으로 되돌아가면, 지구에 도달하는 열은 감소되는데, 이러한 일은 부의 되먹임이다.

이산화탄소의 제거 문제로 돌아가 보자. 대기의 이산화탄소 양을 조절하는 지구화학적 과정에 대한 모형으로는, 1980년 미시간 대학교의 제임스 워커(James Walker)와 폴 헤이스(Paul Hays), 그리고 제임스 캐스팅(James Kasting)이 제안한 '기상-기후 안정화 되먹임 시스템(Weathering-Climate Stabilizing Feedback System)'이 있다. 이 시스템에는 세 사람의 성에서 첫 글자를 따서, WHAK라는 이름이 붙었다.[3] 이들은 기후가 따뜻해지면 물이 더 많이 증발하고, 이에 따라 물의 순환 과정이 더욱 활발해지면서 강수량이 늘어난다고 주장했다.

WHAK 메커니즘은 수천만 년에서 수억 년이라는 시간의 규모에서 작용한다. 이 메커니즘은 비교적 시간대가 짧은 매우 온난했던 공룡 시대나, 매우 추웠던 약 20만 년 전의 마지막 빙하기에 대한 설명에 유효한 이산화탄소의 변화를 설명하려는 의도에서 만들어진 것은 아니다(이에 대해서는 나중에 다루겠다.).

대기에 이산화탄소가 많이 쌓이면 이것은 빗방울과 섞여 탄산수의 빗물을 만든다. 강수량이 늘어나면 지표에 있는 광물은 이 풍화 액체에 더 많이 노출될 것이다. WHAK가 일으킨 풍화 과정에서 칼슘과 마그네슘, 규산염 같은 광물들은 대기에 있는 탄소와 결합하여 공기 중의 이산화탄소 농도를 줄이고, 칼슘의 탄산염인 석회암이나 마그네슘의 탄산염인 돌로마이트 같은 퇴적암에 탄소를 붙잡아 둔다. 대기 중의 이산화탄소가 줄어들면 온실 효과도 그만큼 줄어든다. 따라서 이런 무기적인 부의 되먹임 과정을 통해 지질 시대에 일어난 태양 광도의 증가는 상쇄된다.

가이아는 실재하는가?

앞에서 보았듯이 생물학적 과정을 통해 태양 광도가 커짐에 따라 시생대의 대기 중에 있던 많은 양의 이산화탄소가 제거 되는 과정을 설명하는 이론도 있다. 생물학적 부의 되먹임 메커 니즘에 대한 개념을 발전시킨 사람은 영국의 과학자이자 저술 가인 제임스 러블록(James Lovelock)이다.[4] 그는 생물이 어떻게 지 구 규모에서 자동적인 음의 되먹임 조절 체계로 작용하는지 설 명하고자 했다. 그리고는 동료 저술가인 윌리엄 골딩(William Golding)의 제안에 따라 이 이론에 그리스 신화에 등장하는 대지 의 여신 가이아의 이름을 따라 '가이아 가설'이라는 이름을 붙 였다. 처음에 과학자들은 가이아 가설을 그리 진지하게 받아들 이지 않았으며, 지금도 많은 비판을 하고 있다.[5] 가이아 가설에 서는, 지구의 대기는 생물 자체에 없어서는 안 되는 조절 가능 한 필요 부분이며, 생물이 수십억 년 동안 지구 대기의 온도와 화학 조성, 산화능, 그리고 산성도를 조절해 왔다고 설명한다. 가이아 가설을 지지하는 사람들은 지구의 대기를 능동적으로 조 절하는 과정에 생물이 영향을 준다고 주장한다. 러블록의 메커 니즘은 식물성 플랑크톤처럼 광합성을 하는 미생물들은 이산화 탄소가 많은 환경에서 생물학적 생산성이 매우 컸으며, 이런 미 생물들이 빠른 속도로 대기와 바다에 있는 이산화탄소를 탄산칼

숲 퇴적물로 바꾸어 놓았고, 이것들이 죽어 바다 밑바닥에 가라 앉으면서 이산화탄소가 제거되었다는 가정에 기초하고 있다.

러블록과 미생물학자 린 마굴리스(Lynn Margulis)는 생물이 없었다면 지구는 대기가 주로 이산화탄소로 이루어진 자매 행성 화성과 금성같이 되었을 것이라고 주장해 왔다.[6] 이들은 또 대기가 주로 이산화탄소로 조성되어 있다는 것은 온실 효과가 너무 강해서 지구의 온도가 지금보다 섭씨 60도 정도 더 뜨거워진다는 것을 의미한다고 주장했다.

비판자들은 지구가 생물의 생존에 적합한 터전이 된 이래 식물성 플랑크톤은 전혀 진화하지 않았는데, 이산화탄소를 제거하는 이런 메커니즘이 어떻게 '최근(즉 2억 년 전)'에 등장해 이전 시대의 원시 태양 패러독스를 해결하기 위해 작용할 수 있는가 하고 반문했다. 한 가이아 가설 지지자는 이에 대해, 생명이 기원한 이래 대부분의 시간을 바다에서 보낸 조류가 탄소를 잡아 두는 고형 물질을 생산할 수 있었다는 이론을 전개했다. 실제로 우리가 시생대를 방문하면 해안에서 스트로마톨라이트라는 버섯 모양의 암석들을 볼 수 있다. 이들은 자신이 분비한 단단한 물질 안에서 살아가는 광합성을 하는 남조류의 군집체다.

이 껍데기 물질 안에는 탄소가 포함되어 있다. 오늘날까지도 이들의 살아 있는 후손이 남아 있는데, 이것들을 볼 수 있는 가장 유명한 장소는 오스트레일리아 서부의 샤크 만이다.

진화의 역사에서 스트로마톨라이트는 공룡에 비해 50배나 더 멀리 거슬러 올라간다. 그러나 이들이 필요한 만큼의 이산화탄소를 제거할 수 있을 정도로 풍부하게 존재했는지는 정량적으로 증명되지 않았다. 결국 이 문제는 논쟁거리로 남아 있을 수밖에 없다.

과학철학자 토머스 쿤(Thomas Kuhn)은 대립하는 패러다임, 즉 경쟁하는 가설들 사이에서 논쟁을 조정하려는 급진적인 새로운 이론들이 나타난다고 주장했다. 아직 가이아의 실재를 증명할 수는 없다. 하지만 가이아의 옹호자들은 희미한 원시 태양 패러독스에 대한 해결책으로서 기후 변화에 생물학적 조절 작용을 영향을 미친다는 이론을 더 훌륭하게 발전시킬 것이다. 예를 들어 하워드 대학교의 데이비드 슈워츠먼(David Schwartzman)과 뉴욕 대학교의 타일러 볼크(Tyler Volk)는 시생대의 온도가 매우 높지도 낮지도 않았다는 틀에 박힌 고정관념을 완전히 떨쳐 내야 한다고 주장했다. 이들은 무기적인 요인들이 원시 세균이 살아남을 수 있도록 지표의 온도를 충분히(섭씨 60~70도) 낮추었을 때 비로소 가이아의 조절 작업이 시작되었다는 주장을 폈다. 그 뒤 수십억 년에 걸쳐 생물학적 진화가 이루어졌고 수억 년 전에 이르러서는 나무와 꽃의 출현으로 진화는 절정에 달했다. 그리고 생물의 존재가 증가함에 따라 이산화탄소의 양은 더욱 감소하여 초온실 효과가 끝나게 되었다는 것이다. 수십억 년에 걸쳐 온도가 내려가면서 더 많은 형태의 생물이 생존할 수 있게 되었고, 결국 이러한 변화는 가이아의 부의 되먹임 과정과 결합해 이산화탄소의 양을 조절했다.

볼크와 슈워츠먼은 이러한 이산화탄소의 제거 과정에 대해 '생물의 풍화 작용 강화'라는 특수한 메커니즘을 제안한다. 흙 속에 있는 생물군은 광물에 풍화 작용을 일으키는 화학 물질에 대한 접촉면을 증가시킨다. 이에 따라 생물의 도움 없이 무기적인 반응으로 이루어질 수 있는 일들이 가속된다. 이런 급진적인 개념을 만든 사람들은 다음과 같은 지질학적 사실로 인해 심각한 갈등을 겪고 있다. 어떤 암석 표면에는 20억 년 전에 생긴 갈라지고 긁힌 자국들이 있는데, 이것은 현대의 빙하가 만든 것과 똑같은 형태를 띠고 있다. 이 명백한 증거를 토대로 전통적인

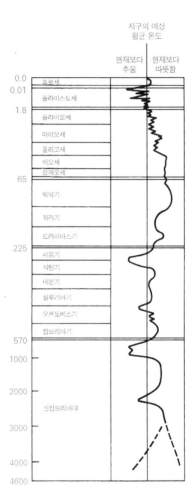

지질학자들[8]은 지구의 역사를 통틀어 수많은 빙기가 있었다고 역설한다그림 1. 그렇다면 시생대로부터 약 6억 년 전의 복잡한 유기체의 진화에 이르기까지 지질 시대 기후의 역사는 새로운 가이아 이론이 요구하는 것만큼 뜨겁지 않았을 수도 있다. 그러나 훌륭한 법정 변호사처럼, 가이아 가설의 지지자들은 자신의 이론을 반박하는 증거에 대한 대안을 마련하기 위해 애쓰고 있다. 슈워츠먼과 볼크는 이 반박 증거로 거론되는 암석의 긁힌 자국은 운석과 소행성 같은 외계 물질이 지구와 충돌해서 생긴 파편들 때문에 나타난 것이라고 주장한다. 지구 시스템 과학의 연구는 호기심 많은 사람들을 위해 이런 패러다임의 대립의 해결이라는 보상을 준비해 놓았다.

   이산화탄소의 제거와 지질 시대의 온도에 대해서는 여러 의견이 분분하지만, 이 분야에서 생물이 공기 속의 매우 중요한 물질인 산소를 생산하는 데 매우 본질적인 역할을 담당한다는

그림 1

지질 시대에 지구의 평균 지표 온도를 표시한 프레이크의 개략도. 현재 상태와의 상대적인 차이만이 추정되어 있으며, 절대적인 변화량은 매우 불확실하다. 이 그래프는 거의 모든 지질 시대의 기후가 현재보다 따뜻했지만, 지난 20억 년에 걸쳐 이따금씩 빙기가 도래했다는 전통적인 견해를 보여 주고 있다.

것을 의심하는 사람은 없다. 광합성은 태양 에너지를 이용해서 이산화탄소와 물을 탄수화물과 산소로 바꾼다. 이와 반대되는 반응은 호흡 작용과 부패로, 이 경우에는 탄수화물과 산소가 결합해서 열을 방출하고 이산화탄소와 수증기를 만든다. 무기물인 이산화탄소를 가지고 유기물인 탄수화물과 산소를 만드는 데에 태양 에너지가 흡수된다면, 호흡이나 부패는 산소를 써서 탄수화물 분자의 결합에 저장된 화학 에너지를 방출한다. 이렇게 방출된 에너지는 온혈 동물들의 체온을 유지시키고 땔감으로 나무를 태우는 이유가 되며, 화석을 연료로 삼을 수 있는 근거를 설명해 준다. 화석 연료란 유기물의 형태로 화석화된 생물의 잔해로, 탄소를 기본 골격으로 하는 유기 분자들을 함유하고 있다. 바로 이 유기 분자들에 이산화탄소를 식물 물질로 바꾸는 데 이용된 고대의 태양 에너지 일부가 포함되어 있는 것이다. 이런 잔해들은 거의 모든 살아 있는 물질이 맞이할 운명인 정상 부패 과정에서 어느 정도 벗어나 있다. 다시 말해 이 연료들은 붙잡혀서 화석화된 탄소 분자들을 함유하고 있는 것이다.

이런 일은 일반적으로 얕은 내해의 바닥처럼 산소가 부족한 매몰 환경에서 일어난다. 그리고는 연속적인 압축과 시간의 경과를 통해, 유기물의 단편들이 화학 변형에 의해 석탄, 석유, 메탄(천연 가스) 같은 화석 연료로 변하는 일이 뒤따른다. 오늘날 우리는 석탄 덩어리를 태우면서, 화석의 유기물 속에 붙잡혀 있는 공룡 시대의 이산화탄소와 태양열을 소생시키고 있는 것이다. 석탄 더미가 쌓이기까지는 수백만 년의 세월이 걸렸다. 그런데 우리는 불과 수십 년 안에 이 이산화탄소와 매장되어 있는 다른 화학 원소들을 배출하고 있는 것이다. 인류가 이렇게 이산화탄소 배출 과정을 가속화시킴으로써 전 지구적으로 매우 심각한 문제를 야기하고 기후학자와 생태학자 모두에게 걱정거리를 안겨 주고 있다.

그러나 내가 제기한 문제들을 이성적으로 논의할 수 있으려면, 과학자들은 우선 암석의 형성 시기와 관련된 나이(절대 연령)뿐만 아니라 암석의 위아래에 쌓여 있는 다양한 암석 층의 관계에서 상대적인 나이(상대 연령)를 결정하는 방법을 알아야만 했다.

지구의 나이 결정

사람들이 언제나 지구의 나이가 수십억 살이라고 생각했던 것은 아니다. 18세기 프랑스와 영국에서는 지구의 나이를 둘러싸고 격렬한 논쟁이 일어났는데, 이 논쟁은 처음에는 신학자와 과학자 사이에서, 그 뒤에는 과학자들 사이에서 이루어졌다. 최초로 지구의 절대 연령을 구체적인 숫자로 제시한 사람들은 신학자들이었는데, 이에 의문을 품는 것은 이단시되는 경우가 많았다. 1654년에 아일랜드 아마 지방의 대주교 제임스 어셔(James Ussher)는 성서를 참고로 하여(그는 구약 성서의 가계도를 거꾸로 계산하는 방식을 취했다.), 지구는 기원전 4004년 10월 26일 오전 9시에 창조되었다고 주장했다. 19세기 초에 이르러 대부분의 지질학자들은 어셔 대주교가 계산한 지구의 나이는 정확하기는커녕 비슷하지도 않다는 것을 확신하게 되었다.

18세기에 스코틀랜드의 지질학자 제임스 허턴(James Hutton)과 몇몇 동시대인들은 동일 과정설(반대는 천변지이설 또는 격변설)이라는 지질학 원리에 기초하여 지구 표면의 모양을 변화시키는 물리 과정들은 지구의 나이가 적어도 수천만 년은 된다는 명백한 증거를 제공한다고 믿었다. 동일 과정설에서는 과거의 지질학적 과정들이 본질적으로 오늘날 일어나는 것과 같은 형태로 일어난다고 설명한다(이 개념은 이 책에서 되풀이해서 나올 것이다.). 예를 들어 허턴은 점토와 실트(모래와 점토의 중간 굵기인 미세한 암석 입자—옮긴이)가 강어귀에 쌓이는 방법을 관측할 수 있다는 사실에 주목했다. 그리고 새로 퇴적된 지층과 이것들이 어떻게 셰일(점토가 퇴적돼 만들어진 암석—옮긴이)과 실트암으로 굳어지는가를 연구함으로써, 오래된 지층이 형성되는 데 걸리는 시간이 얼마인가를 추정할 수 있었다. 허턴은 과거 수백만 년 동안 동일한 퇴적 현상이 일어났다는 추정하에 비슷한 퇴적층의 나이를 계산할 수 있었고, 결국 대략적인 지구의 나이를 계산해 냈다. 그러나 암석의 퇴적을 지구 나이의 지표로 사용한 이 방법은 여러 변수에 따라 달라진다. 또 그 변수들은 너무 복합적이어서 측정할 수 없는 것들이다. 예를 들면 기후의 변화나 고도의 차이에 따라 침식과 퇴적의 속도는 달라질 수 있는 것이다.

　현재 확립된 지질 시대의 순서를 나타내는 그림 1은 현대의 연대 측정 기술에 기초하고 있다. 19세기의 지질학자들은 자신들이 연구하는 암석의 절대 연령은 알지 못했지만 지층의 상대 연령에 대한 개념은 갖고 있었다. 오래된 지층 위에 새로운 지층이 발달한다는 가정은, 모든 시간에 대해서는 아니지만 대부분의 시간에 대해서는 사실이다. 이러한 원칙을 '지층 누중(累

重)의 법칙'이라고 한다.

지질학자들은 다양한 암석층의 성분과 나이를 구분하기 위한 명명 체계를 고안했다. 이 체계는 시대 구분과 각각의 시대에 퇴적된 암석을 지칭하기 위한 이름들로 이루어져 있다. 이 시대 단위는 단순히 지질 시대를 다시 세분한 것이다. '최근의' 주요 세 시기(지금으로부터 6억 년 전까지)는 5억 7000만 년에서 2억 4500만 년 전까지의 고생대, 2억 4500만 년에서 6500만 년까지의 중생대, 6500만 년에서 현재까지의 신생대다. 대부분의 생물들은 이 세 시기에 진화했다. 생물들의 화석은 상대 연령을 결정하고 대(代)를 기(紀)와 세(世)로 세분하는 데에 광범하게 사용된다. 우리는 진화의 많은 단계를 알고 있으며, 어떤 동식물이 다른 동식물보다 앞서 나타났는가를 알고 있다. 따라서 이것들이 들어 있는 화석을 가지고 암석의 상대 연령을 결정할 수 있다(화석은 또 다른 이유에서도 중요하다. 서로 다른 장소에서 발견된 같은 종류의 화석을 맞춰 보면 대륙의 이동을 추적할 수 있기 때문이다. 화석은 또한 과거의 기후를 알려 주는 유용한 지표이기도 하다.).

19세기의 지질학자들은 상대적인 연대 결정의 문제를 해결하는 시간의 순서는 확립했지만, 절대 연령을 측정하는 기술은 찾지 못하고 있었다. 따라서 지질학적 연대기를 재구성하는 데 필요한 정확한 시계를 찾는 일이 무엇보다도 중요한 일이 되었다.

켈빈의 연대 측정법

제임스 어셔가 지구의 나이를 천명한 지 어언 200년이 흐른 뒤, 켈빈 경(Lord Kelvin)은 과학적인 방법과 추론을 사용해서 또 다른 답을 공식화하고자 했다.

빅토리아 시대에 스코틀랜드 글래스고 대학교의 자연철학 학장이었던 켈빈 경은 그 시대에 가장 영향력 있는 이론물리학자였다. 그는 지구의 나이를 결정하기 위해 열역학 이론을 사용했다. 지구 내부에서 흘러나오는 용암을 관측하고 깊은 광산을 탐사함으로써, 그는 지구 내부는 표면보다 뜨겁다는 사실을 알게 되었다. 이에 따라 켈빈 경은 지구 표면과 내부 사이의 온도 변화인 지하 증온율(지구 내부로 들어갈수록 온도가 점점 올라가는 비율―옮긴이)를 조사하는 방법으로 지구의 나이를 추정했다. 그는 지구가 섭씨 3,850도 정도의 용융(鎔融) 상태에서 시작되었다고 추측했다. 그리고는 지하 증온율이 현재의 수치에 도달하기까지 소요된 시간을 계산했는데, 그 결과는 약 1억 년이었다. 이에 따라 켈빈은 지구의 나이가 1억 년이라고 주장했다.

켈빈의 계산은 켈빈을 지지하는 이론물리학자들과 지지하지 않는 지형학자들(지형에 관심을 가진 지질학자들) 사이에서 격렬한 대립을 불러일으켰다. 지형학자들은 동일 과정설을 이용해서 특정한 지형이 형성되는 데 걸린 시간을 계산하여 지구 표면에 있는 몇몇 지형은 지구가 1억 년 이상 되었음을 나타낸다고 믿었다. 그러나 지형학자들은 이렇게 관측된 지형이 1억 년 이상 된 것이라는 사실을 증명할 결정적인 증거를 확보할 수 없었고, 따라서 많은 물리학자들은 이들의 주장을 받아들이지 않았다. 물리학자들이 제시한 새로운 이론은 실질적으로 지구의 절대 연령에 대한 과학자들의 불확실성을 키워 놓았다. 그러나 이러한 불확실성의 시대는 수십 년에 불과했다.

때때로 새로운 과학적 통찰이나 발견은 겉보기에는 대립하는 이론과 관찰 사이에서 패러다임을 수정하고 조정한다. 여기서 소개할 논쟁이 바로 이런 경우다. 지구의 나이에 대한 의문은 1900년경 방사능이 발견되면서 본격적으로 논의되었다. 켈빈 경은 방사성 반응이 지구의 핵에서 만드는 여분의 열에 대해서는 알지 못했는데, 만약 그가 이 사실을 자신의 계산에 포함시켰다면 지질학자들이 지형의 진화에 동일 과정설을 적용함으로써 훌륭하게 추정해 낸 숫자에 좀 더 가까운 값을 얻었을 것이다. 방사능은 또한 지질학자들이 절대 연령을 측정하는 데 필요한 독자적인 기준을 제공해 주었다.

| 방사성 연대 측정법 |

방사성 원자는 시간이 지남에 따라 붕괴한다. 방사성 원자의 붕괴 속도는 일정한 것으로 믿어진다(그 원자가 빛에 가까운 속도로 이동하지 않는 한 일정하다.). 실제로 그 속도는 압력이나 온도 변화 등의 요인으로도 변하지 않으며, 방사성 원자가 포함되어 있는 화합물(예를 들면 암석, 물, 공기)의 물리적 변화 등에도 영향을 받지 않는다. 방사성 원소의 붕괴율은 반감기로 표시하는데, 반감기란 원래 있던 원자의 절반이 자발적으로 질량과 에너지를 방출하면서 붕괴하여 딸원소 및 딸입자가 되는 데 걸린 시간을 말한다. 만일 이런 딸 생성물이 형성되는 속도를 알 수 있다면, 암석의 나이를 결정하기 위해 필요한 것은 원래의 원소에 대한 딸 생성물의 비율이다. 과학자들은 이러한 지식을 활용해서 원

래의 방사성 원소를 포함하고 있던 광물들이 언제 형성되었는지 계산할 수 있게 되었다. 지질학자들과 지구화학자들은 암석에서 일어난 방사성 붕괴를 길잡이로 삼아 암석의 절대 연령, 나아가 지구 여러 지층의 절대 연령을 결정할 수 있었다. 방사성 연대 측정법이라는 이런 기술 덕분에 정확한 시계 역할을 하는 원소들이 발견되었다.

암석의 나이를 측정하는 데에는 여러 가지 방사성 원소들이 이용된다. 그중 우라늄 동위 원소들(이들의 반감기는 7억 년과 45억 년 사이다.)이 있는데, 이것들이 붕괴하면 납 동위 원소가 된다. 반감기가 500억 년에 달하는 루비듐이 붕괴하면 스트론튬이 되고, 반감기가 13억 년인 칼륨이 붕괴하면 아르곤이 된다.

방사성 연대 측정법이 확립된 초기인 1900~1938년에는, 분석 방법도 조잡하고 핵반응에 대한 지식도 부정확하여 과학자들이 방사성 연대 측정 실험을 하는 데 많은 제약이 있었다. 그러나 당시의 과학자들은 우라늄 광물에서 납과 우라늄의 비를, 그리고 여러 암석과 광물들에서 헬륨과 우라늄의 비를 측정함으로써 대략 추정할 수 있었다.

루비듐-스트론튬법과 칼륨-아르곤법은 반감기가 길기 때

문에 약 45억 년에 달하는 지구의 모든 역사를 다룰 수 있는 가장 신뢰할 만한 연대 측정법이라 할 수 있다.[9] 반감기가 이보다 짧은 방사성 원소들은 수천 년 전과 같은 좀 더 최근에 일어난 사건들의 연대를 결정하는 데 쓰인다.

방사성 탄소 연대 측정법

1947년 미국의 화학자 윌러드 리비(Willard Libby)는 기상학자, 해양학자, 지질학자, 고고학자가 기후의 변화, 지질학 사건, 그리고 동물이나 문화의 진화를 재구성하는 데 반드시 필요한 연대 측정법을 알아냈다. 리비와 그의 동료들이 4만 년 전쯤에 죽은 동식물 유해의 나이를 추정하는 방법을 발견한 것이다. 그들은 이 방법으로 나무와 식물의 유해인 토탄, 바다 조개와 민물 조개의 껍데기, 그리고 탄소가 용해되어 있는 지하수와 해수의 나이를 추정할 수 있었다.

탄소 14(^{14}C)는 자연 상태에 존재하는 탄소 원소의 세 가지 동위 원소 중 하나인데, 탄소는 대기와 대양, 생물권 안에 풍부하게 존재한다. 안정적인 탄소 동위 원소인 탄소 12(^{12}C)나 탄소 13(^{13}C)과 달리 ^{14}C는 매우 불안정하다. 그러나 끊임없이 쏟아져 들어오는 우주선(宇宙線)들이 대기 중의 질소 분자와 충돌해서 이것을 ^{14}C로 바꾸기 때문에, 대기 중에 ^{14}C가 쌓인다(태양 활동의 변화에 따라 ^{14}C의 생성에 차이가 나타나지만, 이것이 탄소 연대 측정법을 이용하는 데 그리 큰 장애가 되지는 않는다.). ^{14}C를 함유한 대기 중의 탄소는 광합성을 통해 유기 탄소 화합물로 전환된다.

식물이 살아 있는 동안에는 그 조직 속에 있는 ^{14}C의 양이 상대적인 평형 상태에 놓이게 된다. 광합성의 재료가 되는 대기 중의 탄소에서 ^{14}C를 끊임없이 공급받기 때문이다. 동물도 살아 있는 식물이나 최근에 죽은 식물(또는 초식 동물)을 섭취하기 때문에 대기와 비슷한 수준의 ^{14}C를 갖고 있다. 그러나 동식물이 죽으면 그 뒤에는 더 이상 ^{14}C는 공급되지 않고, 이들의 조직 안에 있던 방사성을 띤 ^{14}C가 붕괴하기 시작한다.

다른 모든 방사성 원소처럼 ^{14}C도 반감기를 갖고 있다. ^{14}C의 반감기는 약 5,750년이다. 일정한 수의 ^{14}C 원자가 방사성 붕괴를 거쳐 절반으로 줄어드는 데 걸리는 시간이 약 5,750년이라는 뜻이다. 이러한 붕괴 속도는 외부의 조건으로부터 영향을 받지 않으며, 따라서 어떤 표본 속에 있던 ^{14}C가 사라진 비율은 ^{14}C가 그 표본 속에 들어 있던 시간과 절대적인 관계를 맺고 있다. 따라서 과학자들은 어떤 표본이 갖고 있는 상대적인 ^{11}C의 양을 측정해서 그 표본의 나이를 결정할 수 있다.

기후 변화의 연대표를 만드는 데 주요한 참고 자료인 화석층을 기록하기 위해서 기후학자들은 전통적으로 ^{11}C 연대 측정법을 사용해 왔다. 우리는 얼음 덩어리 밑에서 파낸 나무 표본들의 나이를 ^{11}C 연대 측정법으로 결정해서 대륙 빙하의 진행에 관한 연대표를 다시 만들 수 있다. 또한 습지에서 나온 토탄 표본과 호숫가에서 나온 부목(浮木)의 표본에 방사성 탄소 연대 측정법을 적용하면 빙하 작용의 시간표를 얻을 수 있다. 깊은 바다의 퇴적물에서 발견되는 여러 부유 동물들의 껍질에 있는 ^{11}C의 양으로 각 동물의 수에 영향을 미치는 해양 조건의 기복을 추적할 수도 있다. 이런 방식으로 온도, 그리고 관련된 기후 조건들도 추론할 수 있다. 기후학자들은 리비의 연대 측정법을 이용해서 지난 4만 년 동안의 세월에 대한 세계적인 규모의 기후도를 얻을 수 있었다. 고고학자들은 혈거인(穴居人)들의 화로에서 나온 숯에 방사성 연대 측정법을 적용해서 기후 변화와 인류 역사의 관계를 그려 냈다.

산소의 기원

매몰된 화석에 있는 탄소는 생물이 대기에 어떤 영향을 주었는가를 이야기하는 데에 매우 중요하다. 이는 21세기에는 화석 연료의 연소 때문에 지구 온난화라는 환경 위기가 도래할 것이라는 근심스러운 전망 때문이 아니라, 화석의 매몰이 부분적으로 산소의 형성을 설명해 주기 때문이다.

바다에 있는 조류는 10억~20억 년 동안 산소를 만들었다. 그러나 산소가 반응성이 매우 높고 고대의 바다에는 많은 양의 환원된 광물(예를 들어 철은 산소와 만나면 쉽게 산화된다.)이 함유되어 있었기 때문에 생물이 만든 대부분의 산소는 대기 중에서 어떤 역할을 하기도 전에 모두 소모되었다. 또한 산소는 대기 중에서도 반응성이 매우 높았을 것이다. 이런 사실 때문에 지구화학자들은 대부분 지구에 생물이 존재한 초기에는 오늘날에 비해서 대기 중의 산소 농도가 훨씬 옅었다고 확신한다. 산소가 부족한 이 시기에는 진화 과정에서 어떤 복잡한 생물이 '창조'되어 육지나 공기 중에서 살아가려 해도, 호흡할 산소가 없을 뿐만 아니라 태양에서 들어오는 자외선도 전혀 차단되지 않았기 때문에 이 돌연변이들은 더 이상 진화하지 못하고 모두 죽었을 것이다.

지구화학자들은 바다에 있던 대부분의 환원된 광물이 소모된 약 20억 년 전부터 대기에 많은 양의 산소가 형성되기 시작했다고 생각한다. 그리고 이때부터 대사 작용을 진행할 에너지를 얻는 데 산소를 써야 하는 새롭게 진화한 생물들의 생태적 지위(niche)가 마련되기 시작했다.

| 오존 방어막 |

대기에 산소가 존재한다는 사실은 지표면이나 그 위에서 살아가려는 생물에게 또 하나의 커다란 이익을 가져다주었다. 산소가 생물학적으로 해로운 자외선을 걸러 내 준 것이다. 자외선은 DNA 같은 여러 분자들을 파괴한다. 성층권에 있는 오존층의 파괴와 관계가 있는, 인간이 만든 악명 높은 화합물 염화불화탄소(CFCs, 클로로플루오로카본)의 생산이 사실상 금지된 것은 바로 이 때문이다. 산소 원자 2개가 결합되어 있는 산소 분자 O_2는 자외선에 의해 아주 불안정한 원자 형태인 O로 나누어진 뒤, 다시 O_2와 결합해서 3개의 산소 원자로 된 매우 특수한 분자 오존(O_3)이 된다. 오존은 태양에서 오는 대부분의 자외선을 흡수하

는 역할을 한다. 지구의 대기는 산소가 충분히 만들어진 뒤에
야, 생물이 육지에 뿌리내리고 살 수 있도록 하는 오존을 만들
수 있었다. 대기 중에 산소와 오존이 존재한 지난 10억 년 정도
의 기간 안에, 원핵생물(핵이 없는 단세포 생물)에서 단세포의 진핵
생물(핵이 있는 단세포 생물)로, 그리고 다시 다세포의 후생동물로
의 빠른 진화가 일어난 것은 결코 우연이 아니다.

│ 화산 기후와 대륙 이동 │

그림 1에서 볼 수 있었듯이 대기의 주성분이 산소로 변화하
면서 이산화탄소의 제거가 이루어지는 동안 지구가 일정한 기
후, 또는 일정하게 변화하는 기후 조건에 놓여 있었다고 생각해
서는 안 된다. 단세포의 세균이나 조류에서 티라노사우루스에
이르기까지 급격한 생물학적 진화가 이루어지는 동안, 기후나
대기의 성분 그 어느 것도 안정적인 상태에 놓여 있지 않았다.
대륙은 움직이면서 서로 충돌했고, 산맥은 융기하고 침식되었
으며, 화산은 폭발하고, 중앙 해령(대양저에 연속해서 존재하는 지진 활
동이 있는 중앙 산맥—옮긴이)에서는 급작스럽고도 끊임없이 대양저
(大洋底, 대륙 사면에 이어지는 비교적 평탄하고 광대한 해저 지형—옮긴이)

가 만들어지고 있었다. 대륙을 이루는 물질보다 밀도가 높은 대
양저는 충돌할 때 대륙판(大陸板, 지구의 표면을 구성하는 10여 개의 거대
한 암판 중에서 육지에 분포하는 것―옮긴이) 밑으로 가라앉는다. 널리
알려진 섭입대(subduction zone, 지구의 표층을 이루는 판이 서로 충돌해서
한쪽이 다른 쪽 밑으로 들어가는 지역. 해양판에서 일어나는데, 밑으로 들어가는
판의 위쪽 면을 따라 지진 활동이 활발히 일어난다.―옮긴이)는 태평양의
불의 고리(환태평양 화산대를 말함.―옮긴이)인데, 이동하는 대륙판
사이의 경계에서 일어나는 미끄러짐과 압축 때문에 이 고리에
있는 지역인 고베, 앵커리지, 샌프란시스코, 로스앤젤레스, 사
할린 섬, 멕시코시티 등지에서는 화산과 지진 활동이 빈번히 일
어난다. 대륙 밑에서 암권으로 밀려 들어간 물질들이 반드시 대
기와 영원한 결별을 고하는 것은 아니다. 이렇게 끌려 들어가는
물질의 일부는 대기 해양 시스템(때때로 생명력이 있는 과정에 의해 매
개되는 결합)에서 나온 탄소와 결합해서 퇴적물로 매장된 광물을
가진 풍화된 암석이라는 사실을 기억해야 한다. '고체' 지구의
윗부분에서 지극히 느린 속도로 일어나는 과정들은 물질을 암
권으로 끌고 들어가는 동시에, 실제로 이런 물질의 일부를 화산
의 갈라진 틈을 통해 끊임없이, 그리고 가끔은 폭발적인 분출을

통해 대기와 해양으로 되돌려 순환시킨다. 이러한 재순환에는 수억 년의 세월이 걸린다. 재순환되는 물질의 화산 분출과 같은 퇴적물 순환은 이산화탄소의 제거, 그리고 기후의 안정화 이야기와 깊은 관련을 맺고 있다.

계속되는 이동

아직도 많은 것이 불확실한 상태로 남아 있는 것이 사실이지만, 대륙 이동이라는 개념은 그것이 갖고 있는 기본 원칙이 지질학자와 지구물리학자 모두에게 광범위하게 받아들여졌던 1960년대에 지구과학에 혁명을 일으킨 새로운 패러다임이었다. 그러나 이 개념은 독일의 기상학자이자 지구물리학자인 알프레트 베게너(Alfred Wegener)가 1920년대에 이미 소개한 것이다.

공상적인 수준에서라면, 베게너의 주장이 있기 수세기 전부터 이미 대륙 이동의 개념은 광범위하게 알려져 있었다. 지리학자들은 세계 지도를 작성하면서 남아메리카와 아프리카 같은 일부 대륙을 함께 움직여 보면 톱니바퀴처럼 잘 들어맞는다는 사실을 깨닫게 되었다. 19세기의 지질학자들은 서로 다른 대륙들이 딱 들어맞는 지점에서 비슷한 암석과 광물층, 화석, 그리고 다른 독특한 공통점들을 발견할 수 있었다. 예를 들어 지금은 바다로 갈라져 있는 남아메리카와 아프리카 같은 남반구 대륙들에는 페름기 빙하 작용의 흔적이 남아 있는데, 우리는 이 흔적들을 보면서 두 대륙은 한때 하나의 거대한 대륙(곤드와나 대륙이라고 불린다.)을 이루고 있었으며, 남극 근처에 위치해 있어서 빙하 작용을 받았을 것이라고 생각하게 되는 것이다.

또 다른 증거가 있다. 빙하가 표석(漂石)들을 끌고 가면서 바위에 새긴 것으로 보이는 비슷한 형태의 홈들이다. 과학자들은 이러한 홈을 통해 고대 빙하의 이동 방향을 알아낼 수 있었다.

회의론자들은 이런 증거와 그것이 뒷받침하는 이론을 비웃었다. 1920년대에 미국 철학회의 회장은 대륙 이동설을 가리켜 "얼토당토않은 헛소리"라고 일축했다.[10] 그 후 이 문제는 제2차 세계 대전 이후까지 거의 언급되지 않은 채 남아 있었다. 베게너가 제안한 개념이 신뢰할 수 있는 것이 되기 위해서는 두 가지의 좀 더 혁명적인 진전이 필요했다. 그것은 대륙이 움직였다는(그리고 지금도 여전히 움직인다는) 직접적인 물리적 증거와 이런 움직임을 설명하는 이론이었다.

대륙의 운동에 대한 물리적 증거는 1950년대에 발견된 중앙 해령계에서 나왔다. 중앙 해령계는 지구를 한 바퀴 감싸고 있는 해저 산맥들로서, 그 길이가 약 6만 5000킬로미터에 달한다. 이 해령에는 가운데 부분을 따라 좁고 깊은 열곡(裂谷)이 있다. 이 열곡에서는 위쪽으로 뜨거운 마그마가 뿜어져 나오고 이것이 고체화되면서 밖으로 뻗어 나가 새로운 지각 물질을 만든다. 이러한 과정을 가리켜 해저 확장이라고 하는데, 이는 1960년대에 고지자기학(古地磁氣學) 기술에 의해 입증되었다. 새로운 암석이 만들어질 때에는 그 암석의 자기장이 당시의 지구 자기장이 가리키는 방향으로 정렬되어 영구적으로 자화된다. 지구 자기장이 역전될 때에는, 해령을 중심으로 양 옆에 평행한 띠의 형태로 해저에 역전 현상이 나타난다. 해양학자들은 열곡에서 연대가 알려져 있는 지자기 역전 현상이 나타난 부분까지의 거리를 측정해서 해저가 얼마나 빨리 확장했는가를 결정할 수 있다.

고지자기학의 증거가 확보된 것은 조사선이 해저에 있는 '띠'의 자성을 알아보기 위해 바다 속에 내려보낸 자력계를 회수했을 때였다. 직접적인 증거는 1960년대 말 글로마 챌린저 호가 심해 탐사 계획의 일환으로서 중앙 대서양 해령에서 표본을 채취하여 얻었다. 예상했던 대로 대양저의 나이는 열곡이 가장 어리며, 열곡을 중심으로 양 옆으로 멀리 갈수록 오래되었다는 사실이 증명되었다. 해양 지각은 끊임없이 묻히고 재순환되는데, 이런 사실은 해양 지각이 대륙 지각에 비해 상대적으로 연령이 낮은 이유를 설명해 준다. 대양저의 평균 연령은 고작 1억 년 정도인 데 비해 가장 오래된 육지의 암석은 거의 40억 년에 이른다.

새로운 지각이 형성되면 오래된 지각에는 어떤 일이 일어날까? 그리고 이렇게 새로운 지각은 대륙에 어떤 영향을 미칠까? 베게너의 이론에 신뢰성을 준 두 번째의 혁명적인 진전인 판 구조론(板構造論)은 이런 질문들에 답하려는 과정에서 도출되었다.

우리는 이동하는 대륙의 존재를 뒷받침하는 관측 사실과 이런 사실의 원인을 설명하는 가설을 구별해야 한다. 생물학적 진화의 경우에도 이와 비슷한 구별이 이루어질 수 있다. 오래전부터 알려져 있었듯이, 진화의 사실은 수많은 화석들 그리고 좀 더 현대적인 증거들에 의해 거의 완벽하게 뒷받침되고 있다. 물론 고전적인 과학 이론이 된 다윈의 자연선택 메커니즘은 과학자들 사이에서 아직도 논란거리가 되고 있다(또한 여전히 창조론자들의 도전을 받고 있다.). 그러나 이런 현상이 일어나는 과정을 설명하는 이론들이 완벽하지 않다는 이유로, 그 현상 자체가 존재한다는 사실을 뒷받침하는 수많은 증거를 부정할 수는 없을 것이다.

이와 비슷하게 사람들이 광범위하게 믿고 있는 판 구조론이 정말로 옳은가는 분명히 입증되어야 하지만, 대륙 이동의 증거는 널리 퍼져 있으며 모든 양식 있는 지질학자와 지구물리학자는 이런 증거를 받아들이고 있다.

이동하는 판에 대한 개념은 1965년 캐나다의 지구물리학자였던 J. 투조 윌슨(J. Tuzo Wilson)이 도입했다. 판 구조론에 따르면 지구의 지각은 지구 내부에서 방출되는 열을 받아 유동성 있는 맨틀 위를 움직이는 커다란 조각들인 판으로 나뉘어 있다. 대륙과 해양 지각인 이런 판들은 폭이 수천 킬로미터에 달하며 두께가 130킬로미터에 이르는 것도 있다. 판들이 서로 수평 방향으로 멀어져 가면 갈라진 틈(중앙 해령)이 생기고 이곳에서 새로운 지각이 솟아오른다. 그리고 이러한 갈라진 틈이 육지에서 나타나면(하나의 예가 아프리카 대륙의 아파르 열곡이다.), 대륙이 갈라지기 시작한다. 판들이 서로 충돌하면 둘 다 휘어지면서 산맥을 형성하거나, 아니면 하나의 판이 다른 판 아래로 파고 들어가면서 화산 활동이 활발한 '불의 고리'를 만든다. 후자의 경우 열과 압력 때문에 파고 들어간 물질의 일부가 녹고, 이것은 결국 새로운 지각으로 재형성되어 갈라진 틈에서 솟아오른다. 인도가 아시아 대륙에 부딪힌 것처럼, 대륙 지각판이 충돌하면 산맥이 만들어진다(인도와 아시아 대륙의 충돌 결과 히말라야 산맥이 형성되었다.). 우리가 이미 알고 있듯이 판의 경계에서는 다른 곳에 비해 훨씬 더 빈번하게 지진이 발생하는데 이 사실은 판 구조론을 뒷받침해 준다.

이러한 모든 설명에서의 요점은 지구의 표면이 끊임없이 진화하고 있다는 것이다. 앞에서 우리는 대륙 이동은 빙기가 훨씬 빈번했던 연대와 어떤 방식으로든 관계가 있다고 생각하게 되었다. 적어도 하나의 기후가 일치한다는 것은 대륙의 재배열과 연관이 있을 수 있다. 남극 대륙의 고립과 그 뒤를 이은 빙결 작용이 바로 그것이다.

약 3500만 년에서 6500만 년 전까지 제3기 전반부의 대부분의 기간에는, 남극 대륙에도 많은 종류의 낙엽수와 침엽수가 있었다. 이때는 남극 대륙이 고립되기 전이었다. 남극 대륙 서쪽의 섬들에 있는 화석화한 나뭇조각들이 이 사실을 증명한다.

결국 당시 남극 대륙의 온도가 (최소한 화석이 발견된 대륙의 가장자리에서는) 오늘날보다 매우 따뜻한 섭씨 10~15도였음을 알 수 있다.

5500만 년 전 남극 대륙에서 오스트레일리아가 떨어져 나오기 시작했는데, 이 일로 남극 대륙에는 현저한 기후 변화가 야기되었고, 오스트레일리아에서는 캥거루와 같은 독특한 생물이 고립된 형태로 진화하게 되었다. 또 남아메리카와 남극 반도 사이의 드레이크 해협이 열리고 오스트레일리아의 태즈메이니아 섬과 남극 대륙의 동쪽 사이에 항로가 만들어지면서 남극 순환 해류는 방해받지 않고 흐르게 되었다. 이 순환하는 해류는 따뜻한 바닷물을 북쪽으로 분리시키는 경향을 나타내는데, 그 영향으로 차가운 바닷물이 남극 대륙 주위에 머물게 된 것으로 보인다. 결국 약 4000만 년 전 남극해에서 얼음이 발달하고 이어서 만년설이 발달한 사실은, 남극 대륙의 고립과 시기적으로 우연히 맞아떨어진다고만은 볼 수 없다는 것이다. 400~700만 년 전까지 남극 대륙에서는 대규모 빙결 작용이 있었다. 몇몇 사람들은 이보다 수천만 년 전부터 얼음으로 덮여 있었을 것이라고 생각한다. 오늘날에는 이곳에 쌓여 있는 얼음으로 인해 해수면이 약 60미터나 낮아져 있다. 또 다른 주요 해류인 멕시코 만류 역시 시간의 흐름에 따라 성장했다는 증거가 있다.

해류가 더 강력하게 흐르고 대륙들이 거의 현재의 위치로 재배열되는 동안, 적도와 극지방 사이에는 심하게 분화된 기후대가 형성되었다. 한때는 극지방이 더 따뜻했던 이 행성에 널리 분포해 있던 여러 식물과 동물 종은 그들의 생태학적 요구(이것은 생물 종들이 생물학적으로 진화함에 따라 변하기도 한다.)에 따라, 적당히 따뜻하거나 서늘한 기후를 나타내는 좀 더 제한된 지역에 정착하게 되었다. 많은 종의 분포 지역이 제한되면서, 더 많은 생태학적인 기회 또는 생태적 지위가 만들어졌다. 이는 신생대 초기에 비해 오늘날 지구의 기후차가 더 벌어져 있기 때문이다. 이러한 현상은 또한 하버드 대학교의 에드워드 윌슨(Edward O. Wilson) 같은 생물학자들이 보고한 다음과 같은 현상과 관계가 있을 수도 있다.[11] 지구가 식으면서 지구에 있는 생물 종의 절대적인 수(그것들이 반드시 풍부하다는 뜻은 아니다.)가 증가했다는 것이다. 게다가 백악기에 그토록 엄청난 석탄과 석유층을 만든 힘이 된 높은 생물학적 생산성은, 신생대로 이전하는 과정에서 일어난 지구의 냉각과 이산화탄소의 농도 저하와 더불어 감소하게 되었다.

이에 따라 지구는 200만~300만 년 전에 시작된 최근의 지질 시대, 즉 제4기에 접어들었다. 제4기에는 빙하의 두드러진 팽창과 수축이 약 4만~10만 년의 주기로 되풀이되고 있다.

우리는 현재 제4기 중에서도 10만 년 동안 기후적으로 매우 안정된 시기인 간빙기(홀로세)에 살고 있다. 이러한 안정이 얼마나 지속될지는 나중에 다루기로 한다.

2
기후와 생물의
공진화

기후는 지구의 생물과 서로 영향을 주고받는다. 기후와 생물은 공진화

(共進化, 계통적으로 관계가 없는 여러 생물이 서로 관련을 맺으면서 동시에 진

화하는 일—옮긴이)해 온 것처럼 보인다. 이 둘은 놀랄 만큼 복잡

하게 얽힌 순환 과정과 더불어 상호 작용하고 있다.

환경은 복잡한 순환의 그물로 짜여 있으며, 이것들은 모두

생물의 기원과 진화 그리고 생존에 결정적으로 중요한 역할을

한다. 물은 비와 눈, 그리고 바다를 구성하는 요소며 퇴적물을

침전시킨다. 생물학적으로 중요한 원소인 질소는 대기와 토양,

물 속을 가리지 않고 자신의 순환계를 따라 이동한다. 질소는

황의 순환과도 관련이 있다. 황은 산성 안개나 동식물들에 해를

입힐 수 있는 다른 환경 조건을 만들 뿐만 아니라, 단백질의 기능 면에서 매우 중요한 역할을 담당하고 있다. 그리고 지구의 모든 생물에게 가장 중요한 원소라 할 수 있는 탄소는 다른 모든 것들과 연결되어 있는 순환 고리 속에서 움직인다. 이러한 순환들이 어떻게 기능하는가, 그리고 거기에 놓여 있는 위험성은 무엇인가 하는 질문들에 대해서는 과학자들의 연장통에 들어 있는 가장 현대적인 기구들, 특히 위성과 컴퓨터가 있어야만 답할 수 있다. 발전된 컴퓨터 시뮬레이션 모형은 우리가 직접 타임머신을 타고 과거를 조사하는 것과 같이 점차 정밀해질 것이다.

생물학적으로 중요한 원소들은 이른바 생물지구화학적 순환 속에서 움직인다.[1] 생물지구화학적 순환이라는 말은 1920년 대에 V. 베르나드스키(V. Vernadsky)가 도입한 것으로, 생물과 공기, 바다, 육지, 그리고 다른 화학 물질의 상호 작용을 아우르고 있다. 기후는 이런 원소의 순환을 통해, 그리고 부분적으로는 대기 순환 작용의 활동성을 통해 물질의 흐름을 조절하는 방식으로 그 영향력을 표출하고 있다. 이 원소들이 대기의 조성을 결정하고 대기의 조성이 기후를 결정한다. 수증기는 이러한 물질 가운데 하나다. 수증기가 응축해서 구름을 형성하면 더 많은 태양 광선이 우주 공간으로 반사되고, 결국 기후는 변화한다. 수증기와 구름은 온실 효과에서도 매우 중요한 요소다. 그러나 물은 지구에서 생물을 부양하는 데 필요한 가장 중요한 요소이기도 하다.

물과 퇴적물의 순환

대기의 바닥에서 꼭대기까지 걸쳐 있는 수직 기둥에는 일반적으로 언제나 현대 바다나 극빙하에 있는 것의 50만분의 1에 해당하는 양의 물이 수증기의 형태로 함유되어 있다. 매년 비나 눈이 되어 지구에 떨어져 곧바로 이용할 수 있는 담수의 양은 바다에 포함되어 있는 물의 양과 비교하면 극히 적다. 그러나 눈이나 비로 떨어지는, 전체 물의 이 지극히 적은 부분(물의 순환을 통해 계속해서 증류되고 분배되는)이 바로 50만 세제곱킬로미터에 해당하는 연강수량이다. 이는 매년 약 1미터 높이로 지구 표면 5억 제곱킬로미터를 덮을 수 있는 양이다.

대기와 해양의 순환을 일으키는 에너지원은 물론 태양이

다. 태양은 바다와 호수와 육지에서 물을 증발시켜 위로 끌어올린다. 그 뒤 응결과 물방울의 성장 같은 다른 요인들에 의해 물은 다시 땅으로 떨어진다. 일반적으로 물이 어떻게 분배되는가, 즉 어느 정도의 양이 어느 곳에 분배되는가에 따라 생물이 살 수 있는 지역이 결정된다.

물은 또한 증산에 의해 식물의 잎에서 공기로 전달된다. 이러한 증산과 수면이나 지면에서의 증발을 아울러 증발산(蒸發散)이라고 한다. 바닷물의 증발은 평균적으로 지구의 육지에서 일어나는 증발산 양의 6배 정도다. 그러나 대륙의 중심에서는 지역적으로 증발산이 수증기의 주요 공급원이 되고 있다.

물의 순환에서 떨어지는 눈과 비는 퇴적물을 만들기도 하고 침식하기도 한다. 물은 육지와 바다에서 물질들이 정착하는 것을 돕는다. 그리고 그 물질들은 마침내 그곳에 퇴적물로 쌓이게 된다. 상대적으로 짧은 기간에 일어나는 퇴적물의 순환은 침식과 영양 물질의 수송, 퇴적물의 형성이라는 과정을 포함하는데, 이런 결과는 대부분 물의 흐름 때문에 일어난다. 지질학적으로 좀 더 긴 기간에는 퇴적 작용과 융기, 해양저의 확장, 그리고 대륙 이동 등이 중요하게 된다. 물과 퇴적물의 순환은 모두 여섯 가지 주요 원소의 양과 흐름의 분배를 둘러싸고 서로 얽혀 있다. 여섯 가지 주요 원소는 수소, 탄소, 산소, 질소, 인, 황으로 모두 지구에 다량으로 존재하는 원소들이다. 이 원소들은 살아 있는 모든 유기물의 95퍼센트 이상을 이루고 있다. 여러 형태의 생물들이 생명을 유지하기 위해서는 이 원소들이 적당한 양으로 균형을 이루며 적절한 장소에 배치되어 있어야 한다. 지구의 지각에는 이 모든 원소들이 다양한 (그러나 언제나 바로 이용할 수 있는 것은 아닌) 형태로 상당량 저장되어 있다. 그렇지만 자연 상태에서 이 필수 원소들은 언제나 매우 일정하게 공급된다. 결국 생물이 끊임없이 재생하기 위해서는 이 원소들이 재순환해야 함을 알 수 있다.

| 질소의 순환 |

생물학적으로 매우 중요한 원소인 질소는 다양한 형태로 순환하기 때문에 화학적으로 매우 복잡한 성질을 갖고 있다. 가장 기본적인 형태인 질소 기체(N_2)는 대기의 78퍼센트를 차지하고 있다. 질소 기체의 일부는 흙이나 물 속에서 질산암모늄이나 질산기를 포함하는 다른 화합물로 전환된다. 이러한 전환을 가리켜 질소 고정이라고 하는데, 이 말은 어떤 일이 일어나는가를

제대로 설명하고 있다. 질소는 다른 화학 원소들에 '고정', 즉 달라붙게 되고, 이에 따라 질소와 다른 원자들(일반적으로 수소) 사이에 강력한 화학 결합이 형성되는데 이 과정을 가리켜 질소 화합이라고 한다. 질소는 불꽃(번개나 자동차 엔진, 또는 화학 비료 공장에서 볼 수 있는 불꽃 등)에 의해 비생물학적으로 고정되거나, 질소를 고정하는 특수한 생물에 의해 생물학적으로 고정될 수 있다.

고정된 질소는 공기, 토양, 물 속에 존재한다. 질소 고정균이라는 특수한 세균은 식물에서 에너지를 얻어 질소를 고정하는 일을 한다. 이것들은 주로 자주개자리, 콩, 완두, 토끼풀 같은 콩과식물의 뿌리혹에서 살고 있다. 이 식물들은 질소를 고정할 수 있기 때문에 밀이나 옥수수나 토마토처럼 질소를 고정하지 못하는 식물들을 수확하면서 척박해진 흙에 영양 물질을 공급하는 데 쓰인다. 질소 고정균을 가진 식물을 수확기 사이에 경작하면 따로 비료를 주지 않아도 식물들은 적절한 형태로 고정된 질소를 뿌리로 흡수해서 자신의 조직으로 끌어들일 수 있다. 그 뒤 식물체에서는 이것을 아미노산으로 변형해 단백질로 전환하는 화학 과정이 일어난다.

예를 들어 보자. 단백질의 형태로 고정된 질소는 생물의 몸으로 들어가 질소 순환을 거쳐 결국은 공기 중에 있는 기본 형태인 질소 기체로 돌아간다. 이 과정은 동물이 고정된 질소를 함유한 식물을 먹거나 식물들이 죽을 때 시작된다. 동물이 식물을 먹으면 고정된 질소는 대부분 그 동물의 배설물이나 사체의 형태로 환경으로 돌아간다. 이렇게 고정된 질소 생산물(섭취되지 않고 죽은 식물들도 포함되어 있다.)들은 탈질균(脫窒菌)과 같은 분해자를 만나게 되고, 이에 따라 질소 고정균이 한 일은 원상태로 되돌려진다. 노폐물에서 질소가 제거될 때 고정되어 있던 질산염은 몇 단계의 변형 과정을 거쳐 대부분 질소 기체로 되돌아가고, 소량은 웃음 기체(笑氣)라는 속칭을 갖고 있는 일산화이질소(N_2O)로 되돌아간다.

수증기나 이산화탄소와 마찬가지로 일산화이질소는 지표면 부근에 열을 붙잡아 둘 수 있는 '온실 기체'다. 일산화이질소는 바람을 타고 오랜 시간에 걸쳐 대기의 높은 곳으로 이동하며, 그곳에서 자외선에 의해 분해된다. 이런 과정을 거쳐 일산화이질소가 분해될 때에는, 다른 질소 산화물(NO, NO_2)의 기체가 만들어진다. 여기에서 관심을 끄는 것은, 성층권의 NO와 NO_2가 오존의 양을 제한하는 역할을 하는 것으로 보인다는 사실이다. 대기 중의 질소 산화물들은 화학적으로 질소, 또는 질산염이나 아질산염 화합물로 변형된다. 후자의 화합물들은 빗물에 녹아 지구 표면으로 돌아오고, 식물들이 이들을 이용하게 된다.

| 황의 순환 |

기후와 생물에 중요한 의미를 갖는 생물지구화학적 순환의 또 다른 예는 황의 순환이다. 황 원소는 단백질의 구조와 기능에서 중요한 역할을 하고, 따라서 모든 생물에 영향을 주고 있다. 특정 양과 형태의 황은 동식물에 해로울 수도 있으며, 어떤 것은 비와 표층수, 그리고 토양의 산성도를 결정한다. 이런 산성도는 탈질소 작용처럼 반응의 속도를 조절한다.

질소와 마찬가지로 황도 다양한 형태로 존재한다. 이산화황(SO_2)이나 황화수소와 같은 기체, 그리고 아황산 같은 화합물이 그것인데, 아황산은 햇빛을 받으면 부식성이 있는 황산으로 바뀐다. 황산 입자는 공기 중을 떠돌아다니면서, 황을 많이 함유한 연료를 사용하는 공업 지대를 뒤덮은 자극성 강한 스모그를 형성하는 원인이 된다.

황의 순환은 이산화황 기체나 공기 중에 있는 황산염 화합물의 입자에서 시작하는 것으로 생각할 수 있다. 이 화합물들은 대기에서 떨어지거나 비가 되어 내려서 지표면 주위에 황 화합물을 축적하는 원인이 된다. 몇몇 형태의 황은 식물에 붙잡혀 그 조직 속에 편입된다. 그 뒤 이 유기적인 황 화합물들은, 질소의 경우처럼 식물이 죽거나 섭취된 후 육지나 물로 되돌아온다. 이 과정에서도 세균이 중요한 역할을 한다. 세균들이 유기적 황 화합물을 황화수소 기체로 변형시키기 때문이다. 바다에 살고 있는 몇몇 식물성 플랑크톤은 대기 중의 이산화황을 변형시키는 화학 물질을 생산한다. 이 기체들은 다시 대기와 물, 그리고 토양으로 들어가 순환을 계속한다.

황의 순환은 일반적으로 빨리 진행되지만, 황을 포함하고 있는 암석의 침식이나 퇴적, 융기 같은 과정은 오랜 시간이 걸린다. 황은 화산 활동, 산업 활동과 같은 인간의 활동에 의해 주위 환경에 제공된다. 황을 포함한 화석 연료를 태우면 이산화황이 나오는데, 이산화황은 대기 속의 수분과 섞여 산성비의 형태로 환경을 파괴하는 원인이 된다. 스모그에 포함된 미세한 황산 방울들은 폐의 질환을 일으키거나 대기의 알베도(albedo, 반사율)를 변화시키는 원인인 황산 에어로졸이라는 안개층을 형성한다. 황산 에어로졸은 대기의 알베도를 변화시킴으로써 기후 시스템이 흡수하는 태양 에너지의 양을 변화시킬 수 있는데 대개는 지표면을 식히는 작용을 한다. 산업 활동, 식물성 플랑크톤, 화산 활동 등 어떤 이유 때문에 발생된 것이든, 황산 에어로졸은 구름과 대기의 밝기를 변화시켜 기후에 영향을 미친다.[2] 아직 많은 문제들이 해명되지 않은 채 남아 있지만, 일반적으로 황의 순환, 그리고 특히 사람이 유발한 황산 에어로졸, 산성비, 스모그 문제 등은 커다란 물리적·생물적 문제와 건강·사회적 문제를 야기하고 있다.

| 탄소의 순환 |

지구 규모로 일어나는 변화에서 가장 중요한 순환은 탄소의 순환이다. 탄소는 현재 대기 속에 이산화탄소의 형태로 아주 적은 양(0.035퍼센트)이 들어 있고, 해양과 퇴적물, 암석에는 이산화탄소나 다른 형태로 훨씬 더 많은 양이 존재한다. 식물들은 탄소를 이용해서 조직을 이루는 데 필요한 탄수화물과 당류를 만든다. 식물에서는 태양 에너지를 이용한 광합성 작용을 통해 이산화탄소와 물이 결합한다. 이산화탄소의 흡수는 봄과 여름

에 가장 효율적으로 일어나는데. 이때는 햇빛이 강해지고 온도가 올라가면서 식물이 공기 중의 이산화탄소를 더 빠른 속도로 흡수할 수 있기 때문이다.

북반구에서는 매년 봄과 가을 사이에. 공기 중의 이산화탄소의 농도가 3퍼센트 정도 떨어진다. 이렇게 매년 식물로 흡수되는 이산화탄소의 양은 수백억 톤에 이른다. 북반구에 비해 식물이 적은 남반구에서는 공기와 초목 사이에서 일어나는 이산화탄소의 교환량이 북반구의 3분의 1에 불과하다.

가을과 겨울이 다가오면 이산화탄소를 탄수화물로 전환하는 데 이용할 태양 에너지가 적어지기 때문에 온도가 떨어지고 광합성 속도도 느려진다. 이때 식물에서는 또 다른 탄소의 순환이 우위를 차지하게 된다. 살아 있는 식물의 호흡. 그리고 죽어가는 식물이나 죽은 유기체의 부패가 광합성보다 더 빠른 속도로 진행되는 것이다.

물론 이산화탄소 이외의 요인도 탄소의 순환과 관계를 맺고 있다. 공기와 바다 사이에서 일어나는 이산화탄소의 교환은 바닷물 속에서 일어나는 복잡한 생물 · 화학적 과정을 통해 조절된다.[3] 또 다른 요인으로는 지구에 존재하는 식물의 위치와 양이 있다. 그리고 우리가 이미 살펴보았듯이, 생명을 부양하기 위해서는 물과 질소 같은 다른 원소들이 필요하다. 이것들은 생물 지구화학적 순환의 결합체 속에서 탄소와 생물에 대해 상호 작용한다.

이산화탄소가 지구 대기에 소량 존재한다고 했다. 이는 현재 이산화탄소의 양(공기의 0.035퍼센트)이 상대적으로 그리 많지 않다는 뜻이다. 그러나 이렇게 적은 부분을 차지하는 7500억 톤의 대기 탄소가 대기의 열 균형에 미치는 영향은 상당히 큰 편이다. 이산화탄소가 기후에 미치는 영향력은, 이산화탄소가 대부분의 태양 복사 에너지는 통과시키는 반면에 대부분의 적외선 복사 에너지는 흡수하는 경향이 있어서 지구에서 복사되는 열의 일부를 차단한다는 사실에서 나온다. 차단되지 않은 지구의 복사열은 대기를 통해 우주로 탈출할 것이다. 다시 말해 이산화탄소는 앞에서도 이야기했듯이 '온실 기체'다.

대기 속에는 강력한 온실 효과를 내는 다른 소량 기체들이 있는데, 대기 중에서 이들의 농도는 계속 증가했다. 그중에서도 메탄이 유명하다. 메탄의 양은 산업 혁명 이후 약 150퍼센트나 증가했다. 메탄은 동물과 세균이 만드는데, 채광이나 경작 같은 인간 활동에서 나온 오염 물질 때문에 발생하기도 한다. 또한 일산화이질소의 양도 증가하고 있는데, 이는 질소 비료의 사용량이 급격히 늘어났기 때문일 것이다.

최초의 이산화탄소 집적은 대기로 기체를 분출하는 화산 폭발, 암석의 형성과 풍화, 유기물의 합성과 부패, 부패하지 않은 유기물의 화석 연료로의 화학 변화 등이 결합한 결과로 일어났는데, 이 모든 것들은 수억 년이라는 오랜 세월에 걸쳐 일어난 것이다. 인간들은 화석 연료가 만들어졌을 때보다 훨씬 빠른 속도로 그것들을 캐내고 있다. 산업 혁명 이후 150년 동안, 에너지와 농업의 수요를 충족시키는 과정에서, 공기 중의 이산화탄소는 20~30퍼센트나 증가했다. 거의 모든 예측 결과에 따르면, 21세기 중반에는 이산화탄소의 양이 2배로 증가할 것이라고 한다.

해수면 상승의 비밀

지구의 대기에는 언제나 광합성에 필요한 이산화탄소가 충분히 존재했다. 우리는 또한 유기적·무기적 메커니즘에 의한 풍화 작용을 통해서 이산화탄소가 지속적으로 제거되었다는 사실도 알고 있다. 풍화 작용이 너무 성공적이었다면, 식물을 부양하는 데 필요한 충분한 이산화탄소가 남지 못했을 것이다. 우리가 이미 알고 있듯이 이런 일은 일어나지 않았다. 화산 활동, 특히 바다 밑 중앙 해령에서 일어나는 끊임없는 활동이 일정한 역할을 담당하는 곳이 바로 이 지점이다.

그린란드를 덮고 있는 얼음이 모두 녹을 때 전 세계적으로 상승하는 해수면은 약 5미터에 불과하며, 전 세계의 빙하가 모두 녹는다 해도 조금 더 상승할 뿐이다. 남극 대륙의 거대한 빙하가 녹으면 이보다 훨씬 더 심한 타격이 있을 테지만, 이런 기상천외한 사건이 일어나는 경우에도 해수면의 상승 폭은 60미터에 불과하다. 이는 약 1억 년 전, 폭군룡 티라노사우루스가 군림하던 백악기 때의 해수면 상승 폭과 비교하면 4분의 1에도 미치지 못한다. 따라서 얼음이 녹아 백악기 당시의 광대한 내해(內海)가 형성되거나, 현재 지구 표면적의 30퍼센트를 덮고 있는 육지가 백악기처럼 표면적의 20퍼센트 수준으로 떨어질 정도로 해수면이 상승하는 일은 일어날 수 없다는 것이 분명하다. 그렇다면 백악기에 일어난 이렇게 높은 수준의 해수면 상승을 설명할 방법은 무엇일까?

논리적으로 두 가지 가능성이 있는데, 하나는 당시 지구에는 훨씬 많은 양의 물이 있었다는 것이고, 다른 하나는 당시 대륙이 지각 속에 깊이 가라앉아 있었다는 것이다. 이런 식의 추론적인 개념들에는 그 이론을 뒷받침하는 증거가 없고, 따라서 대부분의 과학자들은 그런 가능성은 거의 없다고 생각한다.

그러나 지질 시대의 틀에서 생각하려고 마음먹기만 하면, 비교적 간단하게 가장 그럴듯한 설명을 얻을 수 있다. 지구의 초기 역사에서 볼 때 당시에는 해저에 움푹 패인 해분의 부피가 더 적었고, 따라서 바닷물이 오늘날에 비해 육지 위로 더 높이 범람했다는 것이다. 그렇다면 고대의 해분을 채우고 있었던 것은 무엇일까? 1억 년 전에는 중앙 해령에서 나오는 화산 쇄설물이 오늘날보다 더 빠르게 만들어졌을 수도 있다. 중앙 해령을 만드는 해저 화산의 활동이 더욱 활발했다면 더 많은 양의 이산화탄소가 이 생산 시스템으로 주입되었을 것이다. 이산화탄소는 화산 활동을 통해 분출되는 물질 가운데 하나이기 때문이다.

비록 공룡 시대의 대기 조성을 측정할 직접적인 수단은 없지만, 우리는 몇 가지 주요 요소들을 알고 있다. 첫째, 백악기 중엽은 현재에 비해 약 섭씨 10도 더 따뜻했다. 이는 더 많은 이산화탄소 때문에 온실 효과가 강화되어 대기의 온도가 높아졌음을 뜻한다. 둘째, 활엽 식물들이 지구 전체에 널리 퍼져 있었고 다량의 이산화탄소가 광합성 활동을 증가시켰다. 셋째, 이때 상당량의 화석 연료들이 생성되었다. 매몰된 유기물에서 유래한 화석 연료들은 식물과 플랑크톤의 생산성이 더 높았을 가능성을 말해 주는데, 이것은 다시 이산화탄소와 강화된 광합성과의 타당한 연관성을 보여 준다. 물론 이 모든 것은 정황적인 증거일 뿐이다.

펜실베이니아 주립 대학교의 에릭 배런(Eric Barron)은 백악기의 대륙 이동을 나타내는 지도를 만들었다. 그림 2는 1억 년 전의 세계는 오늘날의 지형과 상당히 달랐음을 보여 준다.[*] 지금의 북아메리카 대륙에서는 그리 깊지 않은 대륙 중앙의 바다가 미국의 동부와 서부를 서로 떨어뜨려 놓고 있었다. 이는 로키산맥 수킬로미터 높이의 산자락에서 볼 수 있는 화석화된 조개의 존재를 설명해 준다.

물은 평균적으로 육지보다 더 어둡기 때문에, 더 많은 태양에너지를 흡수한다. 따라서 육지가 전체의 3분의 1이 채 못 되는 지구는 이런 효과만으로도 조금 더 따뜻해질 수 있다. 게다가 백악기 중엽에 대한 거의 모든 증거가 시사하고 있듯이, 그 당시에는 극지방에 만년빙이 없었기 때문에 극지방의 하얀 얼음들이 우주 공간으로 반사시키는 햇빛의 양이 오늘날에 비해 적었을 것이다. 이 점도 지구의 온도를 높이는 데 일조했을 것이다. 백악기 중엽이 얼마나 따뜻했는가를 추정하기 위한 지구 기후 시스템의 3차원 컴퓨터 모형에는 지금까지 말한 요인들이 포함된다.

어떤 모형 연구는 이런 지형적인 차이와 극지방 만년빙이 없었던 사실을 결합하면, 지구의 온도가 현재에 비해 섭씨 5도 정도는 충분히 올라갈 수 있음을 보여 준다. 그러나 섭씨 5도는 대부분의 고기후학적 증거들이 설명하는 백악기 중엽의 온난화 정도보다는 적은 폭이다. 콜로라도의 볼더 시에 있는 미국 대기 연구센터(NCAR)의 워렌 워싱턴(Warren Washington)과 배런이 만든 이 모형은 온도의 상승 폭이 너무 낮아서 다른 증거들과 일치하지 않는다. 더욱이 우리는 화석의 증거를 통해 활엽 식물과 악어가 북극권 근처에서 살았다는 것을 알고 있으며, 따라서 백악기 중엽에는 심지어 겨울에도 혹한 현상을 거의 볼 수 없었을

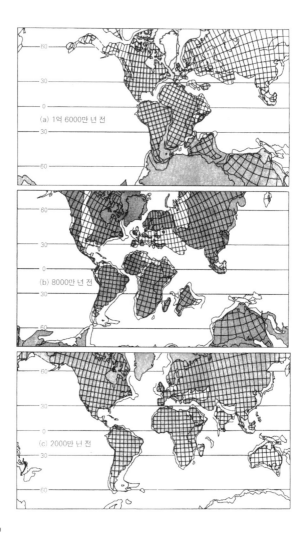

(a) 1억 6000만 년 전

(b) 8000만 년 전

(c) 2000만 년 전

것으로 추정하고 있다. 당시의 세계는 정말 겨울에 고위도 지방이 얼지 않을 정도로 따뜻했을까? 미국 대기연구센터의 계산 결과에서는 온도가 너무 낮게 나왔고, 따라서 그들은 겨울에도 중위도와 고위도 사이에 어는점 이하의 온도가 되는 지역이 많았을 것이라고 주장했다. 이는 일부 화석 기록과는 반대되는 결론이다. 어쩌면 불완전한 모형들이 지형과 얼음의 변화를 정확하게 반영하지 못했을 수도 있다(우리는 모두 이 분야에 익숙하지 못하다.). 아니면 또 다른 작용 요인들이 있었는지도 모른다. 이런 요인들을 초기 모형에 포함시키면 어떤 일이 일어났는가를 좀 더 충실하게 말해 주는 시뮬레이션이 될 수도 있다. 이는 학문적인 과제 이상의 일이다. 인간의 활동이 향후 수십 년 동안 기후를 어떻게 변화시킬 것인가를 예보하는 데 이용할 수 있는 것이 바로 이런 형태의 모형이기 때문이다.

그림 2

고대륙의 위치를 나타낸 세 장의 '스냅 사진'은 에릭 배런과 그의 동료들이 갖고 있는 대륙 이동에 대한 자료를 재구성한 것이다. 음영을 준 부분은 재구성된 각 시대의 해수면 위를 나타낸다. 지역적인 세부 지형을 확정된 것으로 생각해서는 안 되지만, 포시되어 있는 대규모의 형태는 잘 확립된 것이다. 시간의 흐름에 따라 땅덩어리들이 어떻게 이동했는지를 알아볼 수 있도록, 대륙 위에 현재의 위도와 경도를 표시해 놓았다.

이런 종류의 연구가 과학자들에게 왜 그토록 곤혹스럽고도 매혹적인가를 이해하기 위해서는, 컴퓨터 모형의 구성을 이해할 필요가 있다. 여기에서 잠시 본 줄거리를 떠나, 컴퓨터 모형의 가장 본질적인 점을 요약하고자 한다.

모형 제작의 기술

기후학자나 생태학자나 경제학자가 가질 수 있는 가장 유용한 도구는 빠르고 정확한 모형이다. 이 일은 방정식을 풀고, 지구 관측 시스템(예를 들면 인공위성)에서 들어온 자료를 처리하고, 개념을 발전시키고, 모형 작업을 시험하는 빠른 대형 컴퓨터가 발달하기까지는 결코 가능하지 않았다. 사실 현대의 슈퍼컴퓨터가 나오기까지는, 1960년대에 대학과 대기업에서 사용한, 당시로서는 상당히 비싼 계산기조차 너무 느려서 계산을 충분히 할 수 없었다.

대기에 대한 컴퓨터 모형 제작의 선구자는 많은 과학자들이 존경하는 루이스 리처드슨(Lewis F. Richardson)이다. 리처드슨은 이미 1920년대에 수학을 이용해서 기상을 계산하려 했다. 초기 전자 계산기가 널리 보급되려면 아직도 40년이나 기다려야 하는 때였다. 리처드슨에 앞서 영국 런던에서는 커늘 골드(Colonel E. Gold)의 『기상도 색인(*Index of weather*)』을 이용한 일기 예보가 실시되었다. 그 방법은 다음과 같다. 관측소들이 현재의 기상 조건을 기상대에 알리면 기상대에서는 큰 축척의 일기도 위에 그 내용을 표시한다. 그러면 예보관이 색인을 이용해서 새로 그려진 것과 비슷한 여러 장의 일기도를 찾아낸다. 결국 과거에 일어난 일이 되풀이해서 일어난다는 생각에 기초해서 일기 예보가 이루어졌던 것이다. 대기의 역사가 "현재 대기의 실제적인 모형"[5]으로 쓰였는데, 이는 지질학자들의 동일 과정설이라는 견해와 견줄 수 있는 것이다. 리처드슨은 이러한 일기 예보의 역사에 새로운 패러다임을 열었다. 그것은 바로 닮은꼴 찾기의 일기도 작성이 아닌 물리 법칙에 기초한 수학적 모형이었다.

리처드슨은 기상 현상이 항상 동일한 방식으로 일어나지는 않기 때문에 닮은꼴 찾기의 일기 예보는 문제가 있다고 말했다. 이전에 일어난 일과 같은 일이 일어날 수 있기는 하지만, 앞으로 일어날 일이 반드시 앞서 일어났던 일과 똑같을 것이라고 추정하는 것은 위험하다는 것이다. 언제라도 특수한 사건과 상황이 일어날 수 있다. 따라서 그는 이미 알려져 있는 자연법칙의 수학적 표현이라 할 수 있는 미분 방정식을 기초로 한 일기 예보표를 제안했다. 하지만 그 미분 방정식을 정확하게 풀 수 없어서 그는 수치 계산법으로 알려진 근삿값 기술을 사용할 것을 제안했다. 그는 관측 자료를 숫자상의 간편한 항으로 놓을 수 있도록 하는 일련의 형식을 만들었다. 그러나 리처드슨은 자신의 수치 계산법을 이용해서 실질적으로 일기를 예보할 수 있는 계산 능력은 꿈에 불과하다는 사실을 잘 알고 있었다. 그는 거대한 시설, 즉 "극장처럼 커다란 홀"[6]에서 수백 명의 인간 "계산기"들이 자신이 만든 형식을 가지고 일기를 계산하는 모습을 꿈속에 그려 보았다. 최초의 미분 방정식에서 도출한, 오늘날 알고리듬(algorithm)이라고 부르는 계산법을 사용한 그의 초기 시도는 모두 실패로 끝났다. 그러나 실패의 원인은 기본 개념이 잘못되었기 때문이 아니었다. 그보다는 오히려 리처드슨이 선택한 근삿값 기술은 그가 했던 것과 조금 다르게 적용하지 않으면 무의미한 답을 낸다는 사실을 인식하지 못했기 때문이라 할 수 있다. 수십 년 후 핵무기 경쟁이 일어나면서, 수학자들은 어떻게 하면 리처드슨의 계산법을 활용할 수 있는가를 발견했다.[7]

사실 그것들은 오늘날 일상적으로 사용하는 기상과 기후 모형의 기초가 되고 있다.

모형 제작의 이점은 현실 세계에서는 불가능하거나 실행할 수 없는 실험들을 수행할 수 있다는 것이다. 본질적으로 하나의 모형은 일련의 수학 방정식으로, 이것들은 컴퓨터 알고리듬으로 코드화되어 있다. 그리고 이것들은 컴퓨터 안에서 현실에 대한 모형을 재창조한다. 과학자들은 이런 모형의 제작을 통해 '이렇게 하면 어떤 일이 생길까?' 하는 일련의 질문을 할 수 있다. 이는 피해를 주지 않고 엄청난 규모의 자연을 다루는 방법이다. 기후 현상에서 한 가지가 바뀌면 그밖의 다른 모든 것들은 어떻게 될까? 예를 들어 태양 복사의 세기라는 한 가지 변수를 바꾸면 온도와 강수량이라는 변수는 어떻게 될까? 마지막으로 모형이 현실에 대한 완벽한 복제가 될 수 없다면, 거기에서 나온 답은 어느 정도 믿을 수 있을까?

어떤 시스템의 모형을 만들기 위해서는 먼저 시스템에 포함시켜야 할 구성 요소를 결정해야 한다. 예를 들어 철도 모형을 만들기 위해서는 선로와 같은 기본적인 구성 요소를 포함시켜야 하고, 그 뒤에는 복제할 차량을 선택한다. 복제할 철도 모형이 얼마나 현실적이어야 하는가에 따라 고려해야 할 다른 특징들이 있다. 예를 들면 급수탑, 개폐기, 신호기, 정류장 등이다.

기후의 시뮬레이션을 위해서 모형을 만드는 사람은 기후 시스템의 구성 요소에 무엇을 포함시켜야 할지, 또 어떤 변수를 포함시켜야 할지를 결정해야 할 것이다.[8] 예를 들어 장기간에 걸친 일련의 빙기와 간빙기를 시뮬레이션하기로 했다면, 지난 수백만 년 동안의 기후 시스템에 상호 작용한 주요 요소들이 미친 영향을 분명하게 포함시켜야 할 것이다. 우리가 이미 확인했듯이 생물은 기후에 영향을 주므로 역시 포함시켜야 한다. 이렇게 상호 영향을 주고받는 하위 시스템은 모형의 '내적' 구성 요소를 이룬다.

한편 1주일처럼 매우 짧은 기간에 일어난 기상 현상만을 모형화하려 한다면, 단기간에는 거의 변화가 없는 빙하, 심해, 지형, 숲과 같은 곳에서 일어나는 변화는 모두 무시할 수 있다. 이러한 요인들은 모형화한 기후 시스템의 '외적' 구성 요소라고 할 수 있다.

모형을 만드는 사람들은 모형의 위계에 대해 이야기한다. 여기에는 단순한 시간 독립적 지구 평균 온도 모형(다시 말해 매우 넓은 시간 간격에 걸친 지구 전체의 평균 온도를 제공하는 모형)에서부터 고도의 분석력을 가진 3차원의 시간 종속적 모형까지 다양한 것들이 있다. 후자의 모형은 대기와 해양, 생물권, 그리고 때로는 지구의 지각에 이르기까지 많은 것들을 변수로 갖는다. 예상할 수 있듯이 더 포괄적인 이런 모형은 매우 복잡하고 제작이 어려우며 운영 비용도 많이 들고 시험하기도 까다롭다. 사람들은 이렇게 부가된 복잡성이 시뮬레이션에 사실성을 더해 줄 것으로 기대하지만, 항상 그런 것은 아니다. 이로 인해 모형화 기술은 종종 논쟁의 소지가 있는 기획이 된다.

모형에 집어넣을 과정과 하위 시스템을 결정한 뒤에는, 컴퓨터가 우리의 요구를 실행할 수 있도록 이런 변수들을 가장 잘 나타내는 알고리듬을 만들어야 한다. 때때로 우리는 기후 시스템의 변수들이 우리가 이해하고 수학적으로 정리해 놓은 자연법칙에 따라 상호 작용하고 있다고 확신한다. 모형에 대한 우리의 분석 정도나 물리학적 이해도는, 우리가 만든 특별한 모형이 이미 알려져 있는 법칙에 타당성 있게 접근하도록(우리는 이렇게 되기를 바란다.) 하기 위해서는 얼마나 많은, 그리고 어떤 종류의 표현들을 정리해야 하는가를 결정한다. 매우 단순한 모형의 경우에는 기초적인 대수학을 알고 있는 고등학교 신입생 정도면 기후 변수들의 작용을 기술하는 수학 방정식을 풀 수 있다. 그러나 기후학자가 어떤 모형에 많은 기후 변수들이나 하나 이상의 공간 차원을 포함시키는 순간, 수학 계산은 엄청나게 복잡해지고 컴퓨터 알고리듬은 엄청나게 증가한다. 전 세계적으로 분포된 약 4만 개 지역에 대해 며칠 동안의 일기를 컴퓨터로 계산하려면, 오늘날의 슈퍼 컴퓨터로 계산해도 1시간 정도가 소요된다.

기상이나 기후 모형을 위한 최초의 방정식들은 일반적으로 공간과 시간에 대해 연속적으로 각 기후 변수의 값을 나타낸다. 그러나 컴퓨터에서 푸는 실제의 방정식들은 원래 방정식의 근삿값이다. 온도에 대해 생각해 보자. 현대의 컴퓨터는 모든 지역에서 온도 방정식을 정확하게 푸는 대신 근삿값 기술을 이용하는데, 여기에는 네트워크나 격자(grid, 불연속적인 시간에 대한 공간 속의 불연속점들)에서 나온 자료가 포함된다. 격자의 공간과 공간 사이에서 일어났거나, 측정이나 계산이 이루어진 시간 이외에 일어난 일은 무엇이든 평균을 낼 필요가 있다. 최신 기술들은 격자점 사이에서 일어난 일들을 근사적으로 더 잘 알아낸다. 호수나 산골짜기, 또는 폭풍 같은 지엽적인 현상은 지역 조건을 바꿀 수 있다. 그런데 격자의 구획이 너무 듬성듬성하면 컴퓨터 코드에서 이런 사실을 확인할 수 없을 것이다. 현재 실행되고 있는 격자 사각형은 대개 수백 킬로미터의 폭으로 되어 있다(이러한 '격자 이하의 규모'에서 일어나는 현상을 다루는 기술은 4장에서 좀 더 깊이 있게 다룰 것이다.). 이 문제에 대한 유일한 해결책은 격자점을 더 많이 만드는 것이라 할 수 있다. 이는 더 많은 계산과 더 많은 자료가 필요하다는 뜻이고, 결국 매우 많은 비용이 든다. 격자의 크기를 반으로 줄이면 그 비용은 10배로 뛴다.

공룡 시대의 기후 모형을 제작하라

미국 대기연구센터의 모형에서 너무 낮게 나왔던 백악기의 온도 문제로 돌아가 보자. 1984년 볼더 시에 있었던 우리 몇 사람은 복잡한 컴퓨터 모형을 이용해서 이 문제를 해결하려 했다.[2] 우리는 미국 대기연구센터의 모형이 예견한 것처럼 고위도, 대륙 중앙에서의 한겨울의 결빙을 해류가 억제할 수 있는 방법이 있는지 알아보기 위해, 우리가 만든 모형에서 백악기 해양 온도의 추정 패턴을 다양하게 조합해 보았다. 우리는 다른 지역과 마찬가지로 북극해 해수면의 온도가 따뜻했는지를 알아보는 데까지 진행했다. 그러나 따뜻한 해양에서 어두운 고위도 지방의 겨울 대륙으로 바람이 불어오지 않을 때에는, 어떤 시뮬레이션으로도 긴 겨울밤에 내륙을 얼어붙게 만드는, 적외선 열 복사의 우주 공간으로의 방출을 막을 수 없었다. 희미한 원시 태양 패러독스 논쟁으로부터 하나의 가능성이 나온다. 대기에 함유된 여분의 이산화탄소가 온실 효과를 강화하는 결과를 낳았다는 것이 바로 그것이다. 그렇다면 이 여분의 이산화탄소는 어디에서 나온 것일까? 그리고 그 양은 얼마나 될까?

1980년대에 다른 실험실에 있는 우리의 동료들, 그중에서도 특히 예일 대학교의 로버트 버너(Robert Berner)는 다음과 같은 사실을 깨달았다. 변화하는 해저의 확장 속도를 알려 주는 지질학적 증거들을 통해서, 1억 년 전의 백악기 중엽은 해저 화산 활동과 해저 확장이 매우 활발했던 시기였음을 알 수 있다는 것이다.[10] 그러면 모든 이야기가 잘 맞아떨어진다. 그것이 사실이라면 바다 밑에서 빠른 속도로 화산 암석이 쌓이면서, 이에 따라 해분이 감소하고 해수면이 올라가고 엄청난 양의 이산화탄소가 해양과 대기의 시스템으로 분출되었을 것이기 때문이다. 그들은 앞에서 이야기한 가이아 이론과 WHAK 메커니즘 위에 세워진, 유기적인 부분과 무기적인 부분이 결합된 되먹임 메커니즘을 제안했다. 해저 확장이 빠르게 진행될 클 때에는 해수면이 올라가고 이산화탄소의 양이 많아지며 기후는 따뜻해지고 습도가 높아진다. 그들은 이산화탄소가 많은 온습한 기후에서는 풍화 작용과 식물성 플랑크톤의 생산 속도가 빨라진다고 보았다. 그리고 이에 따르는 무기적인 풍화 작용이나 탄산염의 퇴적 같은 생물학적인 매몰에 의해 풍부한 이산화탄소가 부분적으로 제거된다는 것이다.

이 일은 결국 이산화탄소 제거를 위한 부의(또는 안정적인) 되먹임을 제공해서 기후가 극단적으로 따뜻해지는 것을 막았다. 다시 말해서 (수억 년이 아닌) 수천만 년이라는 '짧은' 시간 동안, 대륙의 이동, 화산 활동, 생물학적인 활동의 속도 변화 같은 요인들이 결합하면서 공기 중의 이산화탄소의 농도가 현재의 5배에 달할 수 있었다는 것이다. 버너와 그의 동료들이 제출한 모형에서는 백악기 중엽의 이산화탄소 농도를 현재의 몇 배 수준으로 보았다.

분명하고 직접적인 증거가 없는 상태에서 이런 전체적인

구도는 일관성은 있지만 실제적이라고 할 수 있다. 이성적으로 증명된 것이 아닌, 어떤 고기후학자가 들려주는 옛날이야기로 볼 수도 있다는 것이다.[11] 시험되지 않은 컴퓨터 모형에 너무 의존할 때 과학적인 논쟁이 종결되는 이유가 바로 여기에 있다. 유감스러운 것은 다른 어떤 도구로도 '이렇게 하면 어떤 일이 생길까?'라는 실험을 수행할 수는 없다는 점이다. 문제는 그들이 분명히 답할 수 있는 질문을 하는 것이다. 이는 결코 단순한 기술이 아니다.

많은 지구화학자들은 중생대에서 현재에 이르기까지 1억 년의 이행 과정을 통해 대양저 확장 속도가 느려짐에 따라 대기 중의 이산화탄소 농도가 감소했다는 이야기를 지지한다. 대양저의 확장이 느려진 것은 공룡과 당시 살아 있던 다른 종들의 절반이 멸종한 약 6600만 년 전의 백악기 말부터였다.

이 놀라운 생물들이 종말을 맞이한 원인에 대해서는 많은 글들이 쓰어졌다. 그리고 공룡의 소멸을 설명하는 이론은 생물학적인 경쟁이나 질병 등의 '내적'인 원인에서부터 지구와 소행성, 또는 지름 10킬로미터 정도인 혜성과의 격렬한 충돌에 이르기까지 매우 다양하다. 격렬한 충돌에 의한 폭발은 많은 물질을 대기 중으로 흩뿌려 몇 달, 또는 몇 년 동안 햇빛을 차단했을 수도 있다. 그 결과 지구에서는 광합성 작용이 불가능해지고, 육지의 온도는 뚝 떨어졌으며(이른바 소행성 겨울), 충돌의 충격파로 인해 대기가 질산을 많이 포함하게 되면서 해양이 산성화됐을지도 모른다. 이러한 모든 충격은 또한 오존층을 일시적으로 사라지게 해서 대기의 온실 효과를 극적으로 변화시켰을 수 있다. 이와 같은 외적 원인에 의한 격변이 당시에 남아 있던 공룡과 다른 생물 종의 절반을 멸종시키는 치명적인 변동을 일으켰다는 설명은, 세부 사항은 아직 논란이 있지만 상당한 설득력이 있는 것으로 널리 받아들여지고 있다. 이 설명의 신뢰성은 1990년대 초 지질학자들이 유카탄 반도에서 운석공의 흔적으로 보이는 것을 발견하고 나서부터 더욱 커졌다.

이런 대변동에도 불구하고 지난 1억 년 동안 기후가 점점 추워지고 있다고 하는 것은 반드시 옳다고는 볼 수 없다. 그림 1에서 볼 수 있듯이 현재의 지질 시대로 이행하는 동안 수백만 년 정도 지속된 상대적으로 덥거나 추운 기간이 있었기 때문이다.

한때 해저 근처에서 살았던 플랑크톤 껍질 화석의 화학 조성을 밝히면 해당 지질 시대의 해저 바닷물의 온도를 측정할 수 있다. 지난 1억 년 동안 해저 바닷물의 온도는 15도 정도 떨어져 현재 전체적인 해저 바닷물의 평균 온도인 섭씨 0도가 된 것으로 보인다. 해수면은 수백 미터 내려갔고, 대륙은 현재의 위치를 향해 분리되어 이동했다. 대륙의 내해는 거의 사라졌는데, 페르시아 만 등은 지금까지 남아 그 흔적을 보여 준다. 그리고 지구 표면의 온도는 평균 10도 정도 낮아졌다. 1500만~2000만 년 전에는, 남극 대륙과 남아메리카 사이에 드레이크 해협이 열리면서 남극 대륙에 만년빙이 쌓인 것으로 보인다. 앞에서도 이야기했듯이 어떤 이들은 당시에 대륙의 위치와 대양저 모양의 지형적인 변화 때문에 발달한 남극 환류가 남극 대륙의 해안에 몰려온 따뜻한 해류로부터 남극 대륙을 격리시켰고, 이에 따라 지금 존재하는 것과 같은 대륙 규모의 만년빙을 지킬 수 있었다고 본다. 그리고 신생대 동안 대기의 이산화탄소의 농도가 감소하면서 남극 대륙에는 빙하가 점점 쌓이게 되었다고 추측하는 이들도 있다.

삐딱해지는 지구

북극해에 있는 만년빙의 범위는 200만~300만 년 전에 확립된 것으로 보인다. 또한 이 고기후의 증거는 이때부터 약 4만 년을 주기로 따뜻하고 추운 기간을 나타내는 팽창과 수축을 나타내기 시작한다. 4만 년이라는 기간은 지구의 극이 진동하면서 공전 궤도면에 대한 적도의 기울기가 22.5~24.5도까지 변하는 데 걸리는 시간과 같기 때문에 매우 흥미롭다. 오늘날 지구의 자전축은 23.5도 기울어져 있다. 이 각도는 현재의 남회귀선과 북회귀선의 위도다. 수천 년 후의 지도에서는 이 경계선을 적도 쪽으로 수십 킬로미터 더 가깝게 이동해서 그려야 할 것이다. 물리학적으로 축이 덜 기울어진다는 것은 여름과 겨울 사이에 나타나는 가열 정도의 차이가 몇 퍼센트 줄어든다는 것을 뜻한다.

오래전부터 다음과 같은 추측이 있었는데, 최근 들어 계산이 완료되었다. 여름과 겨울 사이에 나타나는 지구에 유입되는 이러한 햇빛의 양의 변화가, 특히 대규모의 만년설이 만들어질 수 있는 북반구 고위도 지방의 경우에 새로운 빙기의 시작이나 종결을 초래할 수 있다는 것이다. 이런 일을 가리켜 밀란코비치

메커니즘(Milankovitch mechanism 지축의 기울기, 방향의 주기적 변동이나 지

구 궤도의 이심률이 기후 변동과 관계가 있다는 이론——옮긴이)이라고 한다.

여기서 가장 흥미롭고도 당혹스러운 점은 60만~80만 년 전에

서는 가장 추운 시기와 가장 따뜻한 시기의 주요 순환 주기가

그림 3

얼음의 가장자리였던 곳이 등고선 위에 숫자(단위는 1000년임)로 표시되어 있다. 최근의 빙기
가 끝나고 (a)페노스칸디나비아와 (b)로렌시아의 만년빙이 녹으면서, 일반적인 기후 조건이
간빙기 상태를 향해 움직였다. 과학자들은 빙하가 사라졌음을 나타내는 가장 초기의 자료를 조
사함으로써 위에 있는 것과 같은 지도를 재구성할 수 있었다. 그러나 빙하가 단순히 지도에 나

간빙기의 정점들 사이에 10만 년이라는 큰 폭으로 나타난다는
사실의 발견일 것이다(4만 년의 주기가 약한 울림으로 남아 있기는 하지만
말이다.). 최근의 대규모 빙하 작용은 약 1만 년 전에 끝났다. 2만
년 전에는 몇 킬로미터 높이의 빙하가 북유럽과 북아메리카 대

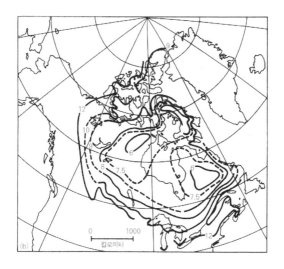

타난 시간선들의 진행을 따라 녹았다고 생각하는 것은 잘못일지도 모른다. 특히 북아메리카 대
륙에 있는 플라이스토세 만년빙의 많은 부분은, 1만 3000년 전 이전에 빙산의 형태로 바다로
흘러 들어간 뒤 그곳에서 녹았을 수도 있다. 결국 이 지도는 단순히 육지에 있는 눈과 얼음이
마지막으로 녹았던 때를 나타내는 것으로 볼 수 있다.

류의 많은 부분을 덮고 있었다그림 3.[12] 전 세계적으로 높은 고원과 산맥들에서 빙하가 확대되었다. 열대림은 줄어들고 사막은 널리 확대되었다. 많은 양의 바닷물이 빙하의 형태로 육지에 붙잡히면서, 해수면은 지금에 비해 100미터 정도 낮아졌다. 거대한 빙하가 육지를 쓸어내리면서 새로운 지형을 만들었다. 전 세계적으로 평균 섭씨 5도 정도 낮아진 빙기의 온도는 지구의 생태학적인 측면을 뒤바꾸어 놓았다.

그러면 80만 년 전에는 왜 10만 년의 주기가, 보다 짧고 약한 빙기와 간빙기의 주기를 지배하게 된 것일까? 그리고 수백만 년 전에 서늘하고 따뜻한 기후를 나타내는 주기가 발달한 이유는 무엇일까? 이에 답하기 위한 몇 가지 유용한 개념과 계산 결과가 있지만, 아직 최종적인 답은 나오지 않았다.[13]

고대의 대기

그린란드와 남극 대륙에서 채취한 얼음 표본에서는, 지구과학계가 지난 20년 동안 이룬 흥미로운 발견 가운데 가장 흥미로운 발견이 하나 나왔다. 이런 동토의 대륙에 눈이 내리면, 눈송이 사이에 있는 공기는 눈이 압축되어 얼음으로 될 때 기포가 되어 사로잡힌다. 그리고 이러한 공기 방울 중에는 20만 년 전의 것도 있다.

　과학자들은 2,000~3,000미터의 깊이에서 5미터 길이의 얼음 표본 수백 개를 지표면으로 끌어올리고 있다. 그리고는 일단 스키 장착기에 얼음 표본들을 싣고 해안으로 갔다가 다시 장거리 여행을 거쳐 프랑스, 스위스, 덴마크, 미국 등지의 실험실로 보내 빙하와 기포의 화학 성분을 분석하도록 한다. 이 표본들은 지구 대기의 역사에 대한 많은 정보를 제공해 준다. 그 정보는 10만~20만 년 전, 네안데르탈인의 시대까지 거슬러 올라갈 수 있다.

　실험실에서 얇게 자른 얼음을 밀폐된 공간에서 녹이면 그곳에 잡혀 있던 기포들이 빠져나오고, 정밀한 기구들이 이를 감지한다. 이런 작업을 통해 우리는 고대 이집트 인이나 아나사지 원주민들이 호흡한 공기가, 지난 100~200년 동안에 새로 생긴 여러 가지 오염 물질을 제외하면, 현재 우리가 호흡하는 공기와 대체적으로 비슷했음을 알 수 있다. 여기에서 말하는 주요 오염 물질에는 여분의 이산화황, 이산화탄소, 메탄 등이 있다. 이미 알고 있듯이 이산화탄소는 산업화와 삼림 벌채로 약 25퍼센트 증가했으며, 메탄은 농업과 토지의 이용, 에너지 생산과 관련된 다양한 인간 활동으로 인해 150퍼센트 증가했다. 또한 대규모의 화산 분출로 인한 산성눈과 같은 자연적인 변화도 감지되고 있다.

내 생각에 얼음 표본에서 나온 가장 주목할 만한 발견은 인류 문명 1만 년 동안 지구의 기후와 대기 중의 온실 기체가 상대적으로 안정되어 있었다는 점이 아니다. 이보다 양극 지방의 얼음을 분석하여 알 수 있는 사실 중에 가장 주목할 만한 것은, 오히려 최근의 빙기가 한창이었던 때에는 우리가 살고 있는 홀로세(충적세) 대부분의 기간에 비해 평균적으로 이산화탄소의 양이 30~40퍼센트 적고 메탄의 양이 절반쯤이었다는 사실을 알 수 있다는 것이다(실제로 이 내용은 산업 혁명이 일어나고 오염 물질이 배출되기 전의 홀로세에만 해당하는 사실이다.). 그리고 12만~15만 년 전의 빙기의 정점과 간빙기에 대해서도 온실 기체의 많고 적음, 그리고 온도의 높낮이 사이에 똑같은 직접적인 관계가 있음이 밝혀졌다 그림 4.[13]

이런 주목할 만한 발견은 이산화탄소와 메탄, 그리고 기후의 변화 사이에 부의 되먹임이 아닌 정의 (불안정화) 되먹임이 있을 가능성을 암시한다. 다시 말해 세상이 추웠을 때에는 온실

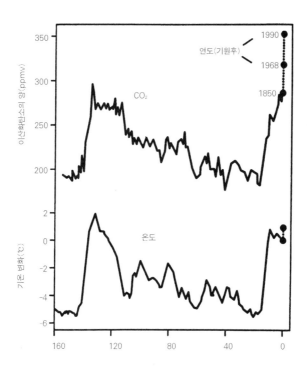

그림 4

남극에서 나온 자료는, 지난 16만 년에 걸친 이산화탄소와 온도의 변화가 매우 밀접한 관련성을 맺고 있었음을 보여 주고 있다. 이 지질 시대의 규모에서 볼 때, 산업 혁명 이후의 이산화탄소와 온도의 변화는 남극 근처의 얼음 표본 데이터로 추정한 자연적인 변화의 완만한 속도에 비해 매우 가파른 상승을 나타내고 있다.

기체가 적었고, 이로 인해 사로잡히는 열이 적어 점점 더 추워졌을 것이라는 이야기다. 지구가 따뜻해지면 이산화탄소와 메탄도 증가하면서 온난화를 가속화했을 것이다. 가이아 가설에서는 생물이 기후의 안정을 유지하기 위해 환경적 요인을 조절하는 역할을 했다고 주장한다. 그러나 생물이 이렇게 온도와 이산화탄소, 메탄의 양을 조절했다면(이는 있을 법한 일이다.), 기후 조건의 변화를 감속하는 것이 아니라 가속했을 것이다. 다시 한번 말하지만 과학의 이야기는 아직 완결되지 않았다. 그럼에도 불구하고 대부분의 과학자들은 최근의 빙기와 간빙기 사이에 있었던 기후 변화와 온실 기체 사이의 정의 되먹임에서 생물이 중요한 역할을 했다는 데 동의할 것이다.

우리의 논의에서 중요한 점은 어떤 특정한 메커니즘이 이산화탄소와 기후에 대한 정의 되먹임에서 생물이 담당한 역할을 제대로 설명할 수 없다는 점이 아니라, 그 되먹임이 정의 되먹임으로 나타난다는 사실이다. 이는 이산화탄소가 많고 산소가 적은 시생대의 대기에서부터 약 5억 년 전의 대규모 생물 진화 시대에 이르기까지, 10억~20억 년의 긴 이행기를 둘러싼 연구에서 추정했던 것과 다르다. 앞에서도 언급했듯이 이런 이행

이 일어나는 동안 생물은 기후가 안정화할 수 있도록 하는 이산화탄소 제거 과정에 크게 기여했다. 이것이 바로 가이아 가설이 함축하는 부의 되먹임 이론이다.

이 점과 관련하여 지구화학자 로버트 버너는 자신의 지구화학 모형을 수정해서 여섯 가지의 개선점과 새로운 요인을 포함시켰다. 여기에는 해양저의 확장이나 장기간의 태양 광도의 증가 같은 무기적 요인에 대한 자료에서부터, 약 3억 년 전의 관속 식물의 진화와 확산에서 비롯된 유기적인 과정에 이르기까지 다양한 것들이 망라되어 있다. 가이아 가설을 지지하는 과학자들은 이런 유기적인 과정이 토양에서의 화학적 풍화 작용 과정을 가속화했다고 주장한다.

약 3억 년 전 석탄기에서 페름기로의 이행 과정에 나타난 혹한기에 대해 언급하면서 버너는 이렇게 이야기하고 있다.

이 시기의 풍부한 석탄 매장량이 증명하고 있는 석탄기와 페름기에 있었던 유기물의 대규모 매몰에 의한 대기 이산화탄소의 제거는, 팔레오세 중엽에 있었던 이산화탄소 농도의 감소를 더욱 큰 폭으로 떨어뜨렸다. 이산화탄소의 농도가 떨어지면서 나타난 온실 효과의 감소는, 과거 5억 7000만 년에 걸친 현생 누대(지질시대 구분의 가장 큰 단위로 고생대 이후를 가리킴.——옮긴이)에서도 가장 대규모였고 오랜 기간이었던 석탄기에서 페름기로의 이행기에 일어난 빙하 작용에 커다란 영향을 끼쳤다. 이 점은 대기의 온실 효과가 지질 시대를 통해 지구의 기후 변화에 영향을 미치는 주된 변수라는 생각을 한층 더 지지하는 결과를 낳는다.[15]

버너의 연구가 우리의 온실 효과에 대한 이해에서 확신을 키워 주었다는 점과는 별도로, 그의 연구는 유기적 · 무기적 기후학 논쟁과 관련이 있다. 그는 현명하게도 마음을 열 것을 충고한다. "장기간에 걸친 탄소의 순환에 대해 완전히 지질학적으로나 완전히 생물학적으로 접근하는 것은 지나치게 극단적인 단순화다."

현재의 지구 변화는 전례가 없는가?

기후의 수학적인 모형으로 정리되어 있는 열 차단의 온실 효과 이론에 따르면, 이산화탄소(또는 메탄과 같은 이에 상응하는 온실 기체들)가 2배로 늘어나면(인구와 경제, 기술적인 동향이 대체적인 예상대로 계속된다면, 21세기 중엽쯤에 이런 일이 일어날 것이다.), 서기 2100년까지 세계는 섭씨 1~5도까지 온도가 상승할 것이라고 한다.

위에서 말한 범위에서 가장 완만한 섭씨 1도의 온도 상승조차, 100년에 섭씨 1도의 비율로 온난화가 이루어짐을 의미하는데, 이 속도는 최근의 빙기에서 현재의 간빙기까지 자연적으로 지속된 지구 온도 변화의 평균 속도에 비해 10배나 빠른 것이다. 온도가 섭씨 5도 상승한다면 기후 변화의 속도가 자연계의 평균 조건보다 약 50배 더 빨라지는 것을 볼 수 있을 것이다. 지구의 기후가 이런 속도로 변화하면 많은 생물 종이, 1만~1만 5000년 전의 빙기에서 간빙기로의 이행기에 그랬던 것처럼, 빠르게 변화하는 기후 조건을 따라잡기 위해 서식지를 이동할 것이 거의 확실시된다.

자연적으로는 발생하지 않는 다량의 화학 약품이나 사람에 의해 도입되어 이식된 '외래' 종이 자연을 파괴하고 있는 것과 함께, 사람들이 야기한 변화가 매우 빠른 속도로 결합 또는 상승하고 있는 현상은 전례가 없는 일로 보인다. 이런 이유로 예상되는 이산화탄소의 증가가 지구의 온도를 섭씨 1도 올릴지 아니면 섭씨 5도 올릴지를 반드시 이해해야 한다. 이 차이가 전 세계적인 변화의 속도와 재앙의 속도를 좌우하기 때문이다.

다음 세기에 있을 지구 온난화의 속도를 추정하는 일은 이렇게 복합적으로 상호 작용하는 되먹임 메커니즘과 관련이 있는 불확실성 때문에 많은 논란거리가 되고 있다. 이에 따라 미래를 예측하는 데 사용한 것과 같은 기후 모형을 백악기의 중엽이나 빙기에서 홀로세 간빙기로의 이행기에 적용하면, 몇 가지 확인 방법을 얻을 수 있다. 과학자들은 이미 이런 일을 해 보았다. 이들이 발견한 것은 과거 지질 시대 고기후 변화의 모형들에 대한 작업과 미래의 기후 변화에 대한 그들의 예상 사이의 비교적 일관성이 있는 전체적인 묘사였다. 이는 귀중한 정황적 증거이기는 하지만, 이것이 모형의 세부적이고 지역적인 예측을 확인해 주거나 부인할 수는 없다.

앞으로 50년 동안 이산화탄소가 2배로 늘어나면 어떤 일이 일어날까? 뉴욕 대학교의 마틴 호퍼트(Martin Hoffert)와 리버모어 국립연구소의 커트 코베이(Curt Covey) 같은 과학자들은 최근의 빙기가 절정을 이루었을 때와 현재 사이에서 기후와 이산화탄소, 메탄의 차이를 비교 조사했다. 그들은 이산화탄소가 2배로 늘어날 때 지구의 온도가 섭씨 2~2.5도(현재의 불확실한 범위의 중간값) 올라 간다면, 이런 차이를 가장 잘 설명할 수 있다는 결론을 얻었다.[16]

얼음 표본은 기후, 이산화탄소, 메탄의 농도가 인류의 문명 기인 지난 1만 년 동안 상대적으로 일정했음을 보여 주고 있다그 림 4. 산업화 시대로 접어든 최근의 200년 전까지는 온실 기체의 화학 조성도 거의 일정하게 유지되었다. 홀로세에는 생태계와 서식지가 우리가 알고 있는 최근의 형태로 정착되었다. 이 일은 최근의 빙기에서 현재의 간빙기로의 5,000년에 걸친 이행기의 특징인 지구 평균 온도의 섭씨 5도 상승과 100미터의 해수면 상 승을 뒤이은 것이었다. 북아메리카 대륙의 많은 부분과 유럽 그 리고 고위도의 바다를 덮고 있던 얼음이, 지금처럼 주로 극지방 의 바다와 대륙 그리고 높은 산맥들에 있게 되기까지는 대략 5,000~1만 년이 소요되었다. 이러한 이행은 약 섭씨 5도의 지 구 온난화와 시간적으로 일치한다. 따라서 우리는 지속적이고 전체적인 근거를 통해 자연스러운 온도 변화의 속도를 1,000년 에 약 섭씨 1도 정도로 추산할 수 있다(이 숫자는 잘 기억해 둘 필요가 있다. 앞으로도 여러 차례 언급할 것이기 때문이다.).

이미 언급한 대로 이런 변화는 매우 큰 것이었으므로 생물 종들이 사는 장소와 군집을 급격히 변화시킬 수 있었다. 이런 변화는 또한 매머드나 검치호 같은 동물을 멸종시키는 원인이 되기도 했다.

가이아와 공진화

생물은 몇 가지 변수에서, 그리고 일정 규모로 기후 변화를 안정화하는 데 기여한 것이 사실이다. 그러나 간빙기에서 다시 빙기로 돌아가는 이행기에는, 생물이 기후 변화를 감소시키는 것이 아니라 가속화하는 기능을 하는 것으로 보인다. 이렇게 복잡한 사정 때문에 나는 1980년대에, 12년 전 생태학자 폴 에를리히와 피터 레이븐이 명명한 생물학적 과정과 비슷한 것을 제안하게 되었다.[12] 그들의 연구는 상호 작용하는 두 생물 종의 공존이 어떤 과정을 거쳐, 그것들의 상호 작용으로 인해 양쪽이 모두 독특한 진화 경로를 갖게 되는 결과를 낳는가를 상세히 설명하고 있다. 두 사람은 여기에 '공진화'라고 이름붙였다.

나는 기후와 생물이 공진화했다는 점에서 적절한 유사성을 발견했다. 다른 말로 하면 기상학적인 요소를 포함하는 생물과 무기적 환경 모두, 지질 시대를 통해 다른 쪽(생물에게는 무기적 환경, 무기적 환경에는 생물—옮긴이)이 없었을 경우에 벌어졌을 상황과는 다른 진화 경로를 따라왔다는 것이다. 공진화가 요구하는 것은 정의 되먹임도 부의 되먹임도 아닌 상호 작용일 뿐이다. 그리고 지구의 화석과 퇴적상의 기록은 분명히 이러한 상호 작용에 대한 증거를 갖고 있다.

마침내 인간들이 스스로를 생명체, 즉 살아 있는 자연계의 일부로 인식하게 된다면, 그때에는 지구에 대한 우리의 총체적인 영향력이 지구의 미래에서 중요한 공진화 요인이 될 수 있다는 것을 입증할 수 있을 것이다(그것이 좋은가 나쁜가는 이 책의 마지막 부분에서 논의하게 될 가치 판단의 문제다.).

현재의 인구 증가 추세, 더 나은 생활 수준에 대한 요구, 그리고 이런 성장 지향적인 목표를 달성하기 위한 과학 기술의 사용과 조직화는 모두 경제학자들이 잉여물이라고 일컫는, 그러나 우리 대부분은 오염 물질이라고 부르는 부산물을 낳는다.

지질학의 역사를 통해 자연계에서 일어난 이런 행성 규모의 실험 중에서 현재 진행되고 있는 인간이 야기한 전 세계적인 변화의 실험과 정확하게 일치하는 것은 없다. 따라서 그 어느 것도 우리의 예측이 올바르다는 결정적인 증거를 제공할 수 없다. 하지만 그 사건들은 모두 현재의 예측이 최소한 상당히 그럴듯하다는 암시를 주는 많은 정황적인 증거를 제공하고 있다. 이 점은 지구의 생태계와 우리의 운명을 이해하는 데 필요한 미래의 기후 변화에 대한 엄밀한 예측을 위해서는 육지와 바다, 얼음 속으로 파고들어 될 수 있는 대로 많은 지질학적·고기후학적·고생태학적 기록을 들춰내야 한다는 나의 주장을 다시 한번 확인시켜 준다. 불행히도 일부의 근시안적인 정치적 이해관계를 가진 사람들은 이런 일을 정략적으로 생각하고, 난해한 것처럼 보이는 이런 작업을 위한 예산을 삭감하고 있다.

이 기록들은 자연사의 도서관이다. 이것들은 어슴푸레한 미래를 들여다보기 위해 사용해야 할, 아직은 조잡한 기구의 기초 자료가 되어 준다. 그 흐릿한 미래는 인간이라는 종에 의해 점점 더 많은 영향을 받고 있다.

3
**무엇이
기후 변화를
일으키는가?**

모형화 작업은 미래의 변화를 예측하거나 과거에 일어난 중요한 일들을 설명하는 수단을 제공한다. 우리는 실제로 일어났던 고기후학적 사건의 자료들을 모형화 작업의 재료로 이용함으로써 우리의 모형화 작업을 좀 더 세련되게 다듬을 수 있다. 과학자들은 이런 모형에서 나온 정보를 이용하고, 자신들의 예측을 증명할 수 있는 방법을 찾아낸다. 이런 과정을 통해 우리는 앞으로 우리 앞에 닥칠 수많은 공공 정책의 문제들을 더욱 잘 평가할 수 있을 것이다.

그러나 불행하게도 이런 모형들은 지금까지 알려진 기후 패턴과 상당히 다른 조건들 때문에 아직 제대로 정비되어 있지 않다. 그리고 이 패턴들이 미래의 모든 조건을 포괄하는 것은 아닐 수도 있다. 따라서 우리는 계속해서 모형들을 더 잘 다듬어 나가야 한다. 이렇게 모형을 개선해 가는 데 있어 최고의 물리 실험실은 유리와 강철로 세운 연구실이 아니라 바로 지구 자체다. 그리고 그중에서도 특히 지구의 오래전 모습에 대한 우리의 지식이다.

요동인가 아니면 꾸준한 경향성인가?

기후는 다양한 규모에서 시뮬레이션할 수 있다. 그 규모의 범위는 수천만 년(예를 들어 백악기의 시간 규모와 같은)에서부터 빙기와 간빙기가 뒤바뀌는 10만 년이 될 수도 있고, 몇 년의 시간 규모가 될 수도 있다.

지구 변화의 양상을 이해하고 확실하게 예측하기 위해서는 다양한 규모에 걸친 관찰과 연구가 필요하다. 지구 시스템 과학과 관련된 지구 변화의 문제는, 주로 인류가 초래한 기후 변화에 대한 것이다. 지구 온도에 대한 기록을 적절하게 평균하면, 지구는 19세기 중반 이후 약 섭씨 0.5도 따뜻해졌음을 알 수 있다 _{그림 5.}¹ 어떤 사람들은 이런 온난화 경향, 특히 1980년대와 1990년대의 온난화에 대한 기록은, 바로 자연의 요동을 나타내는 것이라고 주장한다. 따라서 다양한 시계열(時系列, 확률적 현상을 관측해서 얻은 수치를 시간순으로 늘어놓은 계열을 말하며 기상 현상, 경제 동향 등의 통계 이론에 쓰인다.—옮긴이)에서 확인할 수 있는 특징적인 변화를 살펴보는 것이 도움이 될 수도 있다.

변화의 한 종류는 시계열이 평균 부근을 오르내리면서 진동하는 주기적인 변화다. 또한 장기적인 두 평균 사이에서 순간적인 변화가 일어날 수도 있다. 예를 들어 화산이 폭발하면서 성층권에 황산 에어로졸을 분출시키면 태양빛이 부분적으로 차단되고 이에 따라 성층권 아래는 급격히 냉각되는데, 이런 경우에는 순간적인 변화가 바로 나타난다. 지구 표면의 냉각 효과는 일반적으로 1년 남짓 강력하게 남아 있다가, 다시 '톱니 모양'으로 온도가 올라가면서 몇 년에 걸친 온난화 경향을 나타낼 것이다. 1991년 필리핀의 피나투보 화산이 폭발했을 때 이런 일이 일어났는데, 이 일이 온도에 미친 효과는 그림 5에 나타난 것과 같다.

장기간의 상승 경향에는 단기간의 하강 경향도 포함되어

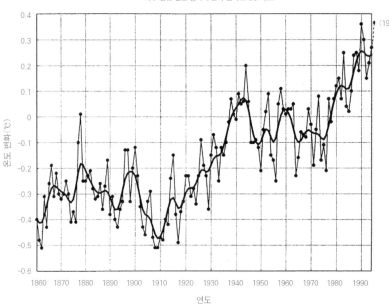

과거의 지구 온난화에 대한 기록
지구 평균 온도 변화의 관측 결과(IPCC 자료)

그림 5

1861년부터 1995년까지 지표면과 해수면의 연간 온도를 함께 표시해 놓은 그래프. 온도 변화
는 1951년부터 1980년까지의 지구 평균 온도에 대한 상대값이다(이 기간의 평균 온도와의 차로 나
타냈다는 뜻이다.). 작성 기관은 IPCC(기후 변화에 관한 정부간 협의체)다. 자료에 따르면 1세기 동안
의 온난화 경향이 약 섭씨 0.5도임을 알 수 있다. 1981년과 1995년 사이에 가장 따뜻했다.

있을 수 있다. 지난 수백 년 동안 지표면의 온도는 전반적인 상승 경향을 나타내고 있다. 이 경향에는 온도상의 '탄력적인 변화'가 겹쳐 있다. 이러한 변화는 해가 바뀔 때마다 일어나기도 하고, 수십 년을 주기로 일어나기도 한다. 이런 탄력적인 변화가 자연스럽고 무작위적인 요동인지, 아니면 화산의 먼지막과 태양 복사 활동의 변화, 사람의 활동 같은 기후 시스템 외부의, 비록 작지만 정의할 수 있는 힘에 의해 유발된 것인지를 둘러싸고, 연구자들과 기후 관측자들 사이에 떠들썩한 논쟁이 벌어지고 있다.[2]

　시간이 흐르면서 변동성은 증가하지만 장기간의 평균은 일정한 시계열을 이룬다는 것은 매우 흥미로운 가설이다. 예를 들어 옥수수는 기온이 몇 시간 동안만 섭씨 0도 이하로 떨어져도 죽을 수 있다. 옥수수에게는 기온이 어는점 아래로 떨어진다는 것은, 그것이 무작위적인 요동이든 아니면 현실적인 경향성이든 관계없이 극적인 사건이다. 마찬가지로 기온이 섭씨 30도를 넘으면 죽는 새나 곤충은 변동성이 증가하는 방향으로 나아가는 경향을 매우 큰 사건으로 인지할 수밖에 없다. 장기적인 평균에만 관심을 기울이는 기후학자라면, 이런 상황이 어떤 기후 변화도 반영하지 않는다고 주장할지도 모르지만 말이다. 며칠 간의 극단적인 더위는 노인이나 빈민 같은 사회적 약자들을 죽음으로 몰고 갈 수도 있다. 불행하게도 이것은 1995년 7월 시카고를 강타한 기록적인 혹서에서 확인되었다.

과학자들은 언제나 변화 뒤에 숨어 있는 원인을 찾는다. 원인이 확실하다면 변화와 요동을 구별할 수도 있다. 앞에서 이야기했듯이, 과거의 기후는 상당히 다양한 모습을 띠고 있었다. 빙기도 있었고, 빙하가 없는 시기가 수천만 년 동안 지속되기도 했으며, 심지어는 대기에 산소가 거의 없거나 전혀 없었던 시기도 10억 년 이상이나 된다. 오늘날과 비교할 때 대륙들은 다른 곳에 있었으며, 태양에서 오는 에너지의 양도, 대기의 조성도 달랐다. 다시 말해서 과거에는 엄청나게 커다란 규모로 이루어진 자연의 '실험'이 있었던 것이다. 많은 경우 이런 변화는 향후 수십 년 동안 인간이 어떤 일을 함으로써 대기의 화학 조성에 영향을 미칠 수 있는 것보다 훨씬 큰 것이었다. 그러나 이런 자연적인 변화의 속도는, 항상 그랬던 것은 아니지만 대부분 인간이 자연에 강제한 것에 비해 지극히 완만했다.

기후를 예측하기 위해 우리는 도구를 확인하는 데에서 한발 더 나아갈 필요가 있다. 우리는 또한 기후 변화를 강요하는 요인, 즉 '기후 강제 요인'이 어떤 것들인지 확인하고 분석해야 할 것이다.

해류와 바람의 순환

지구 공전 궤도의 모양은 지구의 특정한 장소와 시간에 도달하는 태양빛의 양을 통제하는 하나의 기후 강제 요인이다. 이 태양열은 계절의 변화 등을 강제한다. 기본적인 대기의 순환을 일으키는 힘은 태양의 강제력이다. 태양빛이 들어올 때, 일부는 즉시 반사되어 우주 공간으로 되돌아간다. 대개 구름이나 사막, 얼음에 반사될 때 그러하다. 이런 반사율을 가리켜 '알베도'라고 하는데, 이는 흡수되는 태양 에너지의 양을 결정한다. 위성들이 측정한 지구 전체의 알베도는 약 30퍼센트다.

지구가 구형이기 때문에 지구 표면적의 50퍼센트는 북위 30도와 남위 30도 사이에 있다. 50퍼센트를 훨씬 넘는 태양빛이 이 위도의 열대와 아열대 지역에서 흡수된다. 기하학적 모양에 따라 열대 지역에서는 태양이 머리 위에 있게 되지만, 고위도에서는 비스

듬한 각도를 이루며 지나가기 때문이다. 그 결과 열대 지역은 과다하게 가열되는 반면, 극지방은 거의 열을 받지 못한다.

기후를 통제하는 것이 태양의 복사뿐이라면 적도 지방은 과다한 열 때문에 지금보다 훨씬 더웠을 것이고, 극지방은 겨울에 햇빛이 전혀 들지 않아 지금보다 훨씬 추웠을 것이다. 그러나 실제는 그렇지 않다. 이것은 분명히 다른 과정이 작용하고 있다는 것을 뜻한다. 한 가지 확실한 점은 움직이고 있는 유체, 특히 대기와 해양이 지구 곳곳으로 끊임없이 열을 수송하고 있다는 것이다.

따뜻한 공기는 열대 지역에서 상승해서 추운 지역으로 뻗어나가 극지방 쪽으로 수천 킬로미터 이동해서 가라앉는다. 가열된 공기는 지표면 위로 올라가 북쪽으로 흘러가는데, 이와 동시에 지표면을 따라 적도 쪽으로 되돌아오는 또 다른 흐름이 있다. 이런 순환을 해들리 세포(Hadley cell)라고 한다. 여기에 또 하나의 복잡한 문제가 덧붙여지는데, 이는 지구가 회전하는 구체라서 이동하는 공기의 흐름이 편향된다는 사실이다.

여러분이 하늘로 올라가 극지방 쪽으로 이동하는 공기 덩어리를 탄다면, 북반구에서는 오른쪽으로 남반구에서는 왼쪽으로 구부러져 나가는 것처럼 보일 것이다. 그러나 실제로는 편향되고 있는 것이 아니다. 여러분의 아래쪽에서 회전하고 있는 지구에 대해 상대적으로 그렇게 보일 뿐이다. 이런 전향력으로 인해 열대성 저기압은, 북반구에서는 반시계 방향으로 회전하고, 남반구에서는 시계 방향으로 회전한다. 열대성 저기압의 중심부는 기압이 주변보다 낮다. 따라서 압력이 낮은 중심부 쪽으로 밀려 들어가는 공기가, 북반구에서는 오른쪽(반시계 방향)으로 편향되고, 남반구에서는 왼쪽(세계 방향)으로 편향된다. 위성 사진에 나선형으로 나타나는 이런 폭풍들은 바람과 지표면 사이의 마찰과 전향력이 결합해서 일어나는 것이다. 이런 현상을 프랑스의 물리학자 구스타브 가스파르 코리올리(Gustave Gaspard Corioli)의 이름을 빌려 코리올리 효과라고 하는데, 코리올리는 수세기 전 수학 방정식을 이용해서 이런 편향 현상을 기술했다. 따라서 양 반구의 중위도 지방에서는 서풍(서쪽에서 불어오는 바람)이 불게 된다. 열대 지방에서 올라오는 뜨거운 공기가 코리올리 힘에 의해 편향되기 때문이다.

바람은 온도 차이가 만드는 대기 현상이다. 온도의 차이는 결국 밀도와 압력의 차이를 만들고 이것이 상승하는 공기와 기류 등을 만든다. 여름철에는 제트 기류가 상대적으로 약해지는 반면 겨울철에는 훨씬 강해지는데, 이는 겨울에 극지방은 온도가 내려가지만 열대 지역은 상대적으로 1년 내내 따뜻함을 유지하기 때문이다. 그 결과 고위도와 저위도 사이의 온도차는 겨울에 가장 커지고, 이에 따라 해들리 세포가 더 강력해지면서 더 많은 공기와 열이 극지방 쪽으로 수송된다. 순환 활동 역시 더욱 활발해지고, 제트 기류도 더 변덕스러워지면서 적도 가까운 곳에 위치하게 된다.

자전하는 지구에서 극 주변을 돌고 있는 대규모 바람은 일정한 속도에 이르면 불안정해진다. 제트 기류가 불안정해지면 이것은 결국 고압과 저압의 소용돌이로 나뉘는데, 이를 종관 기상 시스템(Synoptic Weather Systems)이라고 한다. 대기는 질량 보존, 운동량 보존, 에너지 보존의 물리 법칙을 따른다. 이 법칙들은 일련의 방정식으로 표현할 수 있는데, 그 해는 이동하는 기상 시스템이 어떻게 작용하는가를 수학적으로 시뮬레이션해 줄 수 있다. 이는 1920년대에 리처드슨이 도입하려고 했던 바로 그 패러다임이다. 이런 종류의 시뮬레이션은 중위도 지방에서 며칠마다 변하는 기상 패턴이 일반적으로 나타나는 이유가 무엇인지, 그리고 열대 지역과 때로는 중위도 지방이 몇 개월 동안 일 정한 기상 조건을 나타내는 이유가 무엇인지를 설명해 준다.

제트 기류의 위치는 지역적인 기후 조건에서 매우 중요한 의미를 갖는다. 제트 기류가 폭풍의 방향을 조종하고, 극기단과 적도 기단을 분리하기 때문이다.

아프리카와 남아메리카, 그리고 아시아 지방의 '몬순', 즉 계절풍에 대해 들어 본 적이 있을 것이다(북아메리카 대륙에서는 비 교적 약하다.). 바닷물은 비열이 크기 때문에 여름과 겨울 사이의 대양 표면의 온도 변화는 몇 도에 불과하다. 그러나 육지는 비 열이 훨씬 작기 때문에 계절에 따라 수십 도의 온도차가 나타난 다. 따라서 여름철이 되면 아시아, 아프리카, 남아메리카 대륙 의 중심부는 주변에 있는 바다보다 더 따뜻해진다. 이에 따라 육지 위의 가열된 공기는 위로 올라간다. 그러면 무엇인가가 그 빈 곳을 채워야 하는데, 그것이 바로 바다에서 불어오는 습기를 머금은 공기다. 그 결과가 여름의 몬순이다. 몬순이 몰고 오는 비는 이 지역에서 자연과 인간의 생태 환경을 유지하는 역할을 한다.

해양 기후의 또 다른 공통적인 패턴은 여러 대륙의 서쪽 해안에서 찬물이 솟아오르는 용승(湧昇) 현상이다. 이 현상은 대양 위로 바람이 불면서 그 마찰력으로 해류가 만들어지기 때문에 생긴다. 북아메리카 대륙의 서쪽 해안에서는 바람이 대부분 북서쪽에서 불어온다. 따라서 바닷물이 해안 쪽으로 밀리리라고 생각된다. 그러나 실제로 북반구의 대양에서는 바닷물의 흐름을 오른쪽으로 편향시키는 코리올리 힘이 작용한다. 이에 따라 북반구의 북서쪽에서 불어오는 바람이 해류를 오른쪽으로 편향시키고, 이것은 바닷물을 서쪽 해안으로부터 밀어내는 결과를 낳는다. 표층수가 남서쪽으로 편향되어 해안에서 멀리 밀려나면 밑에 있던 매우 찬 바닷물이 밀려난 표층수가 있던 곳을 채운다. 캘리포니아 해변에서 수영하려면 한여름에도 잠수복을 입어야 하는 것은 바로 이런 이유 때문이다. 이렇게 용승하는 바닷물은 영양분이 풍부해서 다양하고 생산적인 해양 생태계를 유지하는 힘이 되고 있다.

또한 기상학자들과 해양학자들은 몬순 기후와 남북 아메리카의 용승류는 물론, 원래 '어린 아이'라는 뜻을 갖고 있는 '엘니뇨(El Niño)' 현상의 영향을 연구하고 있다. 여기서 말하는 어린 아이는 아기 예수와 관계가 있는데, 엘니뇨 현상이 성탄절

무렵에 가장 뚜렷하게 되풀이해서 나타나기 때문이다. 적도를 따라 태평양을 가로지르는 바람의 대규모 왕복 운동과 태평양 내부 파동으로 몇 넌마다 페루 앞바다의 바닷물은 평소와 달리 따뜻해지는 반면에 열대 태평양 서쪽 끝의 바닷물이 차가워진다. 페루 해안의 따뜻한 바닷물은 대기를 데운다. 가열된 공기는 상승하는데, 이것은 용승하는 찬 바닷물 위로 공기가 가라앉는 정상적인 상황과 반대의 상황이다. 1983년과 1995년 겨울이 좋은 본보기였다. 태평양 동부의 따뜻한 해수면은 바람의 형태를 바꾸어 놓았으며, 폭풍우의 방향을 남부의 캘리포니아 지방으로 몰아가 그곳에서 홍수를 일으켰다. 또한 이러한 바람의 변화는 해수면의 온도에 대해 되먹임 작용을 일으킨다. 이 되먹임은 대기와 해양의 상호 작용으로 알려진 일련의 과정이다.

열대 태평양의 동부에서 찬 바닷물이 정상적으로 용승하지 못하면 페루에는 엄청난 비가 쏟아진다. 반면 오스트레일리아에서는 가뭄이, 그리고 정상적으로는 다습한 우림 기후를 나타내는 뉴기니에서는 건조로 인한 화재가 일어나기도 한다. 엘니뇨는 이런 일을 일으키는 것 이외에도 전 세계적으로 간접적인 영향을 끼친다. 정상적인 순환 패턴과 엘니뇨의 순환 패턴 사이

의 요란(搖亂)을 가리켜 '남방 진동 신호(southern oscillation signal)'라
고 하는데, 이런 일은 대개 약 5년마다 한 번씩 일어난다. 그러
나 1990년에서 1995년까지는 엘니뇨와 같은 상황이 지속되었
는데, 어떤 사람들은 이를 "도무지 죽지 않는 엘니뇨"라고 표현
하기도 했다.[3] 이런 일은 우연일까, 아니면 우리가 겪을 수밖에
없는 기후 변화일까? 이제는 대기나 해양의 컴퓨터 모형, 그리
고 해양과 대기를 결합한 모형들이 이런 요인을 성공적으로 시
뮬레이션하기 시작했다. 온실 기체의 증가와 같은 지구 변화가
엘니뇨 현상에도 중대한 영향을 끼치는지 알아보기 위해서는
이런 시뮬레이션이 불가피하다. 현재 나타나고 있는 지속적인
엘니뇨 같은 이상한 현상들은 그것이 초래할 결과는 너무나도
잘 알고 있음에도 불구하고, 그 원인은 아직 설명할 길이 없다.

내인과 외인

　기후 변화의 원인에 대해 언급하면서 앞에서 이미 기본적
인 두 범주, 즉 외인(외적 원인)과 내인(내적 원인)을 구별해야 한다
는 점을 지적했다. '외적'이라는 것은 시스템 밖에서 발생해서

시스템 내의 변화에 의해 크게 영향받지 않는 것을 뜻한다. 그렇다고 해서 외적 과정이 반드시 (태양처럼) 물리적으로 지구 밖에 있어야 한다는 뜻은 아니다. 초점을 맞춘 부분이 1주일의 시간 규모로 일어나는 대기의 변화(날씨)라면 해양, 지표면, 생물군, 그리고 이산화탄소를 배출하는 인간의 활동이 모두 외인이 된다. 1주일 같은 짧은 시간 규모에서는 대기 변화가 이런 요인들에 많은 영향을 주지 않기 때문이다. 그러나 10만 년의 규모를 갖는 빙기와 간빙기의 주기에 초점을 맞춘다면, 해양과 빙하가 내적 기후 시스템의 일부로 편입되고 지구 기후 시스템에서 없어서는 안 될 구성 요소가 된다. 결국 어떤 구성 요소가 기후 시스템의 외인이 되고 내인이 되는가에는 절대 기준이란 있을 수 없다. 이는 고려해야 할 현상뿐만 아니라 적용되는 시간과 공간의 규모에 따라서도 달라진다.

지금까지 말한 것들은 컴퓨터 모형에서 어떤 요인을 내적인 기후 시스템의 일부로 포함할 것인가, 그리고 어떤 것이 그 시스템의 외부에 있는가를 결정하기 위한 작업이 얼마나 복잡한가를 보여 주는 몇몇 사례일 뿐이다. 내인과 외인의 논쟁이 담고 있는 중요성은 1960년대에 매사추세츠 공과 대학의 기상

학 이론가인 에드워드 로렌츠(Edward Lorenz)에 의해 확인되었다.[4]
그는 카오스 이론의 개척자다.[5] 로렌츠는 복합적인 비선형계는
다양한 행동을 나타낼 수 있다는 데 주목했다. '비선형(nonlinear)'
이란 어떤 강제력에 대한 계의 반응이 그 강제력의 세기의 단순
한 배수로 나타나지 않는다는 뜻이다. 예를 들어 1단위의 힘에
대해 1단위의 반응을 하는 어떤 비선형계는 2단위의 힘을 받았
을 때에는 6단위의 반응(또는 1.5단위의 반응)을 나타낼 수도 있다(또
는 너무 비선형적인 반응을 나타내서 파괴될지도 모른다.). 아스피린을 두 알
먹으면 두통이 멎을 테지만 한 병을 삼키면 죽을 수도 있다. 비선
형 반응의 가장 좋은 예라고 할 수 있다!

어떤 반응 양식은 '결정적(deterministic)'이라고 일컬어진다.
이는 그 계가 강제력에 대해 (비선형적이기는 하지만) 일대일 방식으
로 대응하는 것을 뜻한다. 다시 말해 어떤 주어진 자극이 어떤
결정적인 반응을 일으키고, 배가된 자극은 또 다른 반응을 일으
킨다는 것이다. 여기에는 직접적인 인과 관계가 있다. 예를 들
어 태양 에너지의 1퍼센트를 반사해서 우주 공간으로 되돌려 보
내는 화산의 먼지 막은 원칙적으로 결정할 수 있는 고유한 냉각
작용을 일으키는 원인이 된다. 그리고 2퍼센트의 반사는 또 다

른 (반드시 두 배일 필요는 없으나 여전히 결정적인) 특유의 냉각 반응을 일으키는 원인이 된다.

또 다른 종류의 계의 행동은 '확률적(stochastic)'인 것으로, 이는 그 계가 일정한 확률 법칙에 따라 행동할 것이라는 뜻이다. 예를 들어 한 쌍의 주사위는 결정적으로 행동하지 않는다. 그 식으로도 굴러가는 주사위 두 개의 숫자가 무엇이 될지 확실하게 예측할 수 없기 때문이다. 적어도 원칙적으로는 주사위 숫자들의 조합이 어떻게 나타날지 그 확률을 가르쳐 주는 '확률적 분포'는 결정할 수 있다. 많은 기상 시스템이 이러한 확률적 행동을 보여 주는데, 이는 일기 예보에서 비가 올 확률을 예측하는 데 기초가 되는 요소다.

로렌츠는 여기에 새로운 종류의 계의 행동을 추가했는데, 후대의 수학자들은 이를 '카오스(혼돈) 이론'이라고 명명했다. 로렌츠는 일부 비선형계들은 결정적이지도, 그렇다고 확률적이지도 않다고 주장했다. 이러한 계에서 행동은 로렌츠가 '이상한 끌개(strange attractor)'라고 이름붙인 특정한 상태(이 경우에는 빙기와 간빙기)의 주위에 밀집하는 경향이 있다. 자연계에서 카오스적 행동의 많은 사례들이 확인되었다. 여기에는 허공에 떠 있는 장난

감 풍선의 궤도에서 불규칙한 열운동에 이르기까지 여러 가지가 포함된다.

현재 과학계를 달구고 있는 논쟁이 있다. 기후의 기록은 외인에서 기인하는가 아니면 내인에서 기인하는가, 그리고 이 복잡한 자연계는 결정적인가, 확률적인가, 카오스적인가, 아니면 서로 다른 맥락에서 이 모든 것들이 나타나는가 하는 점 등이 주요한 논점이다.

외인과 결정적인 계는 예측성을 암시하고 있다. 하나의 예로서, 해발 3,000미터 이상 되는 높이에 위치하고 있는 태평양 하와이 섬의 마우나로아 관측소에는 태양광 탐지기가 있다. 이 탐지기는 일반적으로 대기 상층부에 충돌하는 태양 복사 에너지의 약 93.5퍼센트가 원래의 위치에서 지표면에 도달한다는 사실을 확인시켜 주고 있다. 그런데 1963년에는 마우나로아 관측소의 탐지기에 도달하는 태양 에너지가 눈에 띄게 감소했다(2퍼센트 감소). 이는 발리 섬에 있는 아궁 산의 화산 폭발 때문이었다. 이로 인해 성층권으로 이산화황이 분출되었는데, 성층권의 이산화황은 광화학 반응에 의해 황산 입자로 전환되어 전 세계로 퍼져 나간 뒤, 약 5년의 세월을 두고 천천히 떨어져 내렸다.

이 먼지막은 태양 에너지를 더 많이 반사시키는 작용을 했다. 이에 따라 지구의 온도는 내려갈 수밖에 없었고, 실제로 0.2~0.3도 내려갔다 그림 5. 화산이 폭발한 곳의 일몰은 대단한 장관을 연출한다. 높은 곳의 에어로졸 입자들이 방금 저문 태양 빛을 받아들이면서 하늘이 진한 자주색으로 다시 빛나기 때문이다. 1983년에는 멕시코의 엘치콘 화산이 폭발하면서 산 정상의 상당 부분이 날아갔다. 그러나 이곳의 화산재는 몇 주 만에 대기의 하층으로 떨어졌기 때문에 의미 있는 기후 변화를 일으키지는 않았다. 그러나 이 지역의 주민들에게는 심각한 피해를 입혔다. 기후 변화의 실제 요인은 바로 화산의 폭발로 성층권으로 분출된 이산화황이었다. 이 점 역시 그림 5를 보면 명확해진다.

1992년과 1993년에는 지구의 평균 표면 온도가 예년에 비해 섭씨 0.25도 정도 떨어졌다. 이런 현상은 1991년에 폭발한 필리핀의 피나투보 화산 때문인 것으로 보인다. 사실 1992년은 6년 만에 처음으로 높은 온도를 기록하지 않은 것으로 분류되었다. 먼지 구름이 걷히면서 1994년과 1995년에는 다시 높은 온도를 기록하였다.[6]

반드시 설명해야 할 또 다른 외적인 기후 강제 요인은 토지 이용이다. 현재 토지 이용과 기후 변화의 관계에 대한 모형을 이용한 연구가 많이 진행되고 있다. 예를 들어 사람들이 아마존 강 유역을 빠른 속도로 벌채해 들어가면 기후가 어떻게 변화할 것인가 하는 내용이다. 삼림 지역은 삼림이 없는 지역보다 물을 많이 발산한다. 나무들이 땅속 깊은 곳에 있는 수분을 빨아들이는 뿌리를 갖고 있기 때문이다. 잎은 기공이라는 작은 구멍을 통해서 이산화탄소와 산소, 그리고 수증기를 빨아들이거나 내뿜는다. 잎에 있는 기공이 열리면서 광합성을 위한 이산화탄소를 흡수하고 물과 산소를 내보내는 것이다. 삼림 벌채는 증발산 작용의 속도를 변화시키는데, 증발산 작용은 대기에 수분을 공급하는 주요 요소다. 대기의 이산화탄소 농도는 기공이 얼마나 오랫동안 열려 있어야 하는가를 결정하는데, 이런 측면도 증발산 작용에 영향을 미친다. 삼림 벌채와 함께 대규모로 생물 자원을 태우게 되면, 여기에서 나온 연기는 온도와 강수량, 구름의 양을 변화시키는 에어로졸을 만든다. 인간의 활동이나 자연적인 과정이 육지의 표면과 생물상(生物相. 같은 환경이나 지리적 구역 등 일정한 지역에 분포하는 생물의 모든 종류—옮긴이)을 변경시키면, 이는 다시 생물상이 의존하고 있는 기상의 성질을 변화시킨다. 이 관계가 이른바 '생물지구물리 되먹임(biogeophysical feedback)'이다. 이는 지구 시스템의 모형화 작업에서 고려할 필요가 있는 또 다른 일련의 내적 과정을 표출한다.

지면을 흐르는 빗물은 삼림 벌채와 연관이 있다. 노스캐롤라이나 주에서 측정한 결과를 보면, 삼림 벌채 후에는 지표면 위로 흐르는 빗물이 더 많아진다는 것을 알 수 있다. 이는 토양을 보호하면서 토양의 수분을 유지해 주는 식물들이 줄어들었기 때문이다. 더욱이 벌거벗은 토지와 초원에서의 증발산량은 삼림에서의 증발산량보다 적고, 따라서 더 많은 물이 흘러가게 된다. 그러면 하류에서는 범람이 일어난다. 토양이 매우 심하게 침식되어서 지표면 위로 흐르는 빗물이 크게 늘어난 경우에는 특히 더하다. 그러나 비선형 기후계는 매우 복잡할 수 있다. 예를 들어 삼림의 벌채가 매우 커다란 규모로 일어나면 증발산량이 줄어들면서 강수량을 줄일 수도 있다. 이 경우에는 삼림 벌채로 인해 지표면 위로 흐르는 빗물의 양이 강수량에 비해 상대적으로 증가한다고 해도, 지표면 위를 흐르는 전체적인 빗물의 양은 줄어들 수 있다. 아마존 강 유역의 기후 변화는 이미 이런 시나리오로 설명되고 있다. 홍수의 억제는 삼림이 인간에게 무료로 제공하는 여러 서비스 중 하나다. 그밖에 병충해 억제, 폐기물의 재이용, 영양 물질의 순환 등이 자연계가 제공하는 은혜로운 서비스다.

탄소 순환은 많은 측면에서, 이미 이야기한 대부분의 내인과 외인에 대해 연관성을 갖고 있다. 여기에는 온실 효과, 광합성, 호흡, 부패 등이 포함되는데, 이것들은 모두 자연적인 과정이다. 물론 화석 연료를 태우거나 삼림을 벌채하는 일은 탄소 순환에 직접 영향을 끼치는 지구 변화다. 탄소의 축적과 흐름은 기상 현상을 통해 매개되는데, 우리는 인류가 이에 깊이 관여하고 있다는 사실을 알고 있다. 이에 대한 증거는 다음과 같은 사실만으로도 충분하다. 1957년 이래로 마우나로아 관측소를 비롯하여 남극에서 북극에 이르기까지 멀리 떨어진 여러 장소에서 이산화탄소의 양을 직접 측정한 결과 10퍼센트 증가했는데, 이는 인간 활동에서 기인한 것이다. 또한 양극 지방의 얼음 표본이 증언하고 있듯이 산업화 이후 이산화탄소의 양이 25퍼센트 증가했는데 이것도 마찬가지 원인을 갖고 있다그림 4.

이 모든 내인과 외인 중에서도 어느 것이 기후에 가장 커다란 영향을 미치고 있을까?

분명히 알 수 있는 것은 토양에 축적된 탄소처럼 지극히 완만한 순환은 이듬해의 기상에 영향을 주지 않는다는 점이다. 이런 단기간의 기상 변화는 해수면의 온도 패턴처럼 빠르게 변화하는 것과 관계가 있다. 화산 분출은 1, 2년 동안의 지구 평균 온도에 영향을 주는 매우 중요한 외적인 기후 강제 요인이다. 그러나 1세기의 시간 규모에서 볼 때(이런 규모는 인류가 이산화탄소를 2배로 증가시키거나 자연계의 삼림을 파괴하는 데 걸리는 시간과 관계가 있다.)는 화산의 먼지 막은 잠시 끼어든 잡음에 불과하다. 따라서 위의 질문에 대한 답은 불충분하지만 다음과 같은 것이 될 수밖에 없다. '그것은 강제력의 규모, 그리고 지구 시스템의 다양한 하위 구성 요소의 특징적인 반응 시간과 관련해서 어떤 요인이 가장 우위에 서 있는가에 달려 있다.' 게다가 여러 가지 인류의 간섭에 대한 지구 시스템의 대응은 다양한 요인들의 조합으로 나타난다.

이런 모든 사정은 예측이 아직까지도 부정확할 수밖에 없는 이유를 설명해 준다. 우리는 무수히 많은 방식으로 기간을 달리하면서 밀고 당기는 하나의 시스템을 갖고 있다. 우리는 일정한 시간 동안 어떤 변수가 그 시스템의 내인이 되고 어떤 것이 외인이 되는지를 꽤 잘 알고 있다고 생각한다. 그러나 이것 들이 제각기 그 시스템에 어느 정도의 영향을 주는가에 대해서 는 확신하지 못하고 있다.[7] 우리는 기후가 비선형 구성 요소를 갖고 있다는 사실을 알고 있지만, 각각의 측면이 얼마나 결정적 인가, 확률적인가, 카오스적인가는 확신하지 못한다. 화산 먼지 막과 (아마) 온실 기체들은 대부분 결정적인 반응을 이끌어 낼 것이다. 계절은 대체적으로 결정적이며, 지구의 공전 궤도 기하 학에 따라 예측할 수 있다. 그러나 어느 해의 겨울과 여러 해의 겨울을 조건의 차이만 가지고는 기껏해야 부분적인 예측만을 할 수 있을 뿐이다.

비평가들은 기상 모형을 비웃곤 한다. 대기의 카오스적이 고 예측할 수 없는 특성으로 인해서 1, 2주 후의 일기 예보조차 대체로 매우 서투른 것이 되어 버리기 때문이다. 기후 연구에 반대 의견을 가진 일부 비평가는, "2주 후의 기상도 정확하게 예보할 수 없으면서, 어떻게 감히 20년 후의 기후(장기간의 평균 기 상)를 예측할 수 있다고 말하는가?"라는 식의 이야기를 흔히 늘 어놓는다.[8] 그러나 우리가 한 쌍의 주사위를 여러 번 던질 때마 다 어떤 면이 나올지 확실히 예측할 수 없다고 해서, 두 주사위가 만드는 조합의 확률을 제대로 예측할 수 없는 것은 아니다. 또한 주사위에 납을 박아 놓고 이러한 조작이 어떤 결과를 낳을지 알고 있다면, 주사위 조합의 확률이 어떻게 변할지 정확히 예측하는 것도 불가능하지는 않다. 컴퓨터 모형화 작업은, 미래에 미치는 인간의 영향('기후의 주사위'에 납을 박는 일)과 같은 '이렇게 하면 어떤 일이 생길까?'를 알아보는 실험을 수행하는 데 이용할 수 있는 우리의 유일한 도구다. 그러나 그 작업은 확립된 사실뿐만 아니라 불확실성의 영역도 많이 다뤄야 하기 때문에 매우 까다롭고 또 부정확하다.[9] 그러나 매우 빠른 속도로 전개되고 있는 지구 변화는 이미 알려져 있는 물리학과 생물학 원칙에 기초한 이런 도구를 사용하는 것 이외에 어떤 선택의 여지도 남겨두고 있지 않다.[10] 우리는 이 도구를 활용해서 우리의 이해를 증진하고, 예측 기술을 향상시키며, 21세기에 우리 행성에 살고 있는 모든 생물들에게 영향을 끼칠 수 있는 결과에 대한 정보를 정책 집행 과정에 포함시켜야만 할 것이다.

1628년, 스웨덴 바사 왕조의 구스타프 2세는 선박의 건조를 매우 초조하게 기다리고 있었다. 그는 유럽을 공격할 대규모 함대를 원했던 것이다.

마침내 그해 8월 '바사(Vasa)'라는 이름의 함선이 완성되어 진수되었다. 바사 호가 처녀 항해에 나섰을 때, 이 함선에는 64문의 청동제 대포와 130여 명의 승무원들이 탑승해 있었다. 그러나 함선이 항구를 떠나기도 전에 갑자기 돌풍이 불어와 배가 좌현으로 기울면서 바닷물이 아래쪽의 포문 속으로 밀려 들어왔다. 배는 돛을 높이 올린 채 깃발을 나부끼면서 항구에서 침몰했다. 이 사고로 모두 50명이 사망했다.

바사 호는 300년이 넘는 세월 동안 스톡홀름 항의 수심 30미터의 칠흑 같은 발트 해 바닥에 가라앉아 있었다. 1961년에 인양될 때까지 바사 호는 거의 온전한 상태를 유지하고 있었다. 구멍을 뚫고 들어가 사는 바다의 대합들이 살기에는 바닷물의 염도가 적당치 않았기 때문이다. 발굴 작업에 참여한 해양고고학자들 중에 앙드레 프란젠(Anders Franzén)이 있었다. 1962년 그는 바사 호가 허술하게 설계되었거나 항해에 문제가 있었음을 나타내는 증거는 찾아볼 수 없다고 썼다. 프란젠은 이렇게 말했다. "대참사의 원인은 배에 실은 대포와 밸러스트(배의 복원력을 유지하기 위해 배의 바닥 부분에 싣는 모래나 자갈 따위의 중량물—옮긴이), 그리고 다른 무거운 화물들을 잘못 분배했기 때문으로 볼 수 있다."[1]

기술자들이 배의 모형을 만들어 무거운 짐들을 이리저리 옮겨 보면서 폭풍을 만났을 때 얼마나 안정성을 유지할 수 있는지를 시험해 보았다면, 바사 호가 뒤집혀서 가라앉는 일은 일어나지 않았을지도 모른다. 이런 모형은 대포의 위치 때문에 배의 무게 중심과 부력의 중심 사이에 불안정한 관계가 야기될 것이라는 점을 밝혀 주었을 수도 있다. 현대의 조선술은 실내 테스트용 축소 모형은 물론, 선박의 모양과 무게를 컴퓨터에 입력된 방정식으로 처리하는 수학 모형도 적극적으로 활용한다. 이 모형들은 선박의 실제 성능을 시뮬레이션한다. 공학자들과 과학자들은 주로 실제 선박으로 수행하기에는 너무 위험하거나 비용이 많이 들거나, 또는 실행 자체가 불가능한 테스트를 위해서 수학 모형과 축소 모형을 모두 만든다.

기후 시뮬레이션 모형의 제작자는 기후 시스템의 어떤 요소를 포함시킬 것인가, 그리고 어떤 변수를 계산에 넣을 것인가를 결정할 필요가 있다. 앞에서도 이야기했듯이 장기간에 걸쳐 일어난 일련의 빙기와 간빙기를 시뮬레이션하려 한다면, 그 모형에는 지난 수백만 년에 걸쳐 작용한 기후 시스템의 중요한 상호 작용 요소가 가져온 결과를 모두 명확하게 포함시켜야 한다.

지구 시스템 과학자들이 해결해야 할 문제는 가능성이 있는 수많은 내인과 외인으로부터 인과 관계를 정량적으로 분리해야 한다는 것이다. 여기에는 너무 많은 하위 시스템과 너무 많은 강제력이 동시에 작용하고 있기 때문에 논쟁의 소지가 있을 수밖에 없다. 이러한 복잡성 때문에 결과가 마음에 들지 않으면 쉽게 반론을 제기할 수 있다. 그러나 이제부터 살펴보겠지만 이런 논란에도 불구하고 우리는 더 일반적인 결론을 내릴 수 있으며 더 큰 확신을 갖고 모형들의 현실성을 시험할 수 있다.

그렇다면 우리는 어떻게 그 일을 하고 있는가? 과학자들은 우선 온도와 태양 복사, 오존량 등의 변화에 대한 관측 결과를 살펴본다. 이렇게 하면 여러 변수 사이의 상관 관계를 밝힐 수 있다. 상관 관계가 언제나 인과 관계로 밝혀지는 것은 아니다. 어떤 사건에 이어 또 다른 사건이 일어난다는 이유만으로 첫 번째 사건이 두 번째 사건을 일으켰다고 볼 수는 없기 때문이다. 자신 있는 예측을 위해서는 상관 관계를 명확히 밝혀야 할 뿐만 아니라 그 일이 어떻게, 왜 일어났는지도 설명해야만 한다. 특히 전례가 없는 사안을 고찰하는 경우에는, 완전히 경험적인 접근 방식보다는 원리를 우선시하는 접근 방식이 바람직하다. 그러나 관측 결과에 따라 여러 변수들 사이에 상관 관계가 만들어지고, 이것으로 또 다른 관측 내용에 대해 시험해 볼 수 있는 인과 관계에 대한 가설(법칙)을 이끌어 낼 수도 있다. 이런 시험에는 컴퓨터의 수학 모형을 가지고 실시한 시뮬레이션을 현재와 고기후에 대한 다양한 경험적 관찰과 비교하는 일이 함께 진행된다.

이것이 바로 과학적 방법을 기후 모형에 적용하는 일반 방법이다. 하나의 모형이나 연관된 모형들의 시뮬레이션이 타당한 것으로 나타나면, 그때에는 인류가 촉진한 것으로 추정되는 지구 변화와 같은 '전례 없는' 변화들(이전에는 일어나지 않았을 변화들)을 입력할 수 있고, 이에 따라 미래의 기후와 오존의 양, 삼림, 종의 멸종률 등에 대한 예측 결과를 내놓을 수 있다. 이런 일을 가리켜 '민감도 분석(sensitivity analysis)'이라고 하는데, 모형을 이용해서 어떤 사건이 일어났을 때 기후가 얼마나 민감하게 반응하는지 하는 기후의 민감도를 광범위하게 평가하기 때문이다. 이런 모형들은 우리가 실제의 지구를 실험 대상으로 해서 수행하고 싶지 않은 지구 규모의 실험을 위한 시험적 실험실이 된다.

　가장 포괄적인 기후 시뮬레이션 모형들은 지구 전역에 걸쳐 온도와 바람, 습도, 운량(雲量), 강수량에 대한 3차원적 세부 항목을 만들어 낸다. 일반 순환 모형(GCM, general circulation model)으로 알려진 이러한 컴퓨터 모형에 의해 제작된 일기도는 매우 사실적으로 보인다. 그러나 이 모형의 세부 사항을 모두 신뢰할 수 있는 것은 아니다. 대개는 지구 반구를 덮은 아(亞)대륙 규모의 대규모 패턴들이 지역이나 특정 지방의 세부 사항에 비해 더 정확하게 시뮬레이션된다.[2] 컴퓨터로 일기도를 제작하려면, 대기에서의 유체 운동과 질량과 에너지 보존 법칙을 나타내는 6개의 편미분 방정식을 풀어야 한다. 이런 것들을 가리켜 기상학에서는 '원시 방정식(primitive equation)'이라고 한다. 원칙적으로는 이미 수세기에 걸친 실험을 통해 이런 방정식들이 옳다는 것을 알고 있기 때문에 아무 문제가 없는 것처럼 생각될 것이다. 그렇다. 우리는 이 방정식들이 유체 운동, 그리고 에너지와 질량의 관계를 나타낸다는 사실을 잘 알고 있다. 그렇다면 모형들이 대기 작용을 정확하게 시뮬레이션하지 못하는 이유는 무엇일까? 두 가지 대답이 나온다.

첫 번째는 처음의 일기도('초기 조건'으로 알려진)에서 나타나는 기상 현상의 전개는 약 10일이 지난 후에는 결정적이지 않다는 것이다. 이는 원리상으로도 그렇다. 『농업책력』과 같은 상업적인 장기 예측들이 나와 있지만, 어떤 날의 한 가지 사건이 10여 일이 지난 후의 어떤 사건을 확실하게 결정한다고는 말할 수 없다(예측은 누구나 할 수 있지만, 대부분의 과학자들은 어떤 예측이 정확하다는 것을 단언하는 데서 끝나는 것이 아니라 증명하는 데에 시간을 빼앗기고 있다는 점을 기억할 필요가 있다.). 그러나 에드워드 로렌츠가 발견한, 원칙적으로 1주일을 넘는 정확한 기상 예보는 불가능하다고 보는 카오스적 역학도 원칙적으로 장기적 평균(기상이 아닌 기후)을 정확하게 예측할 수 있다는 것을 배제하지는 않는다. 계절의 순환은 이런 결정적 예측 가능성의 절대적인 증거다. 여름이 지나면 언제나 겨울이 온다. 그리고 왜 이런 일이 벌어지는지도 확실하게 알려져 있는 것이다. 그리고 기후 모형은 계절의 순환을 매우 훌륭하게 시뮬레이션한다.

일반 순환 모형 시뮬레이션의 불완전성에 대한 또 다른 답변은, 장기적인 평균에 대해서조차 6개의 복합적인 수학 방정식을 정확하게 어떻게 풀어야 할지를 아는 사람이 아무도 없다는 것이다. 그것은 일련의 계산을 통해 정확한 해를 얻을 수 있는 대수 방정식과는 다르다. 아직까지는 이렇게 복합적인 비선형 편미분 방정식을 정확하게 풀 수 있는 그 어떤 수학 기술도 알려져 있지 않다. 리처드슨이 1920년대에 시도한 것처럼, 우리는 연속적인 방정식들을 취하고, 그것들을 격자 상자(grid box)라는 불연속량으로 취급함으로써 해답의 근삿값을 구한다. 전형적인 일반 순환 모형의 격자 상자는 수평 넓이는 콜로라도 주만 하며, 수직 방향으로는 고도 수백 미터까지의 대기를 포함한다.

나는 앞에서 구름이 매우 중요하며, 그것들이 햇빛을 반사하고 적외선 열을 차단한다고 이야기했다. 하지만 우리 중 어느 누구도 콜로라도 주만 한 구름을 본 적이 없다. 따라서 규모의 문제가 생긴다. 우리에게 근삿값을 제공하는 커다란 격자 상자보다 작은 규모로 일어나는 과정은 어떻게 다룰 것인가 하는 문제다. 예를 들어 하나하나의 구름은 이 격자 상자 안에 있는 하나의 점만 하다. 따라서 우리는 이런 구름들을 정확히 계산할 수 없다. 하지만 구름의 물리 법칙에 대한 몇 가지 합리적인 명제들을 제언할 수는 있다. 예를 들어 "습도가 높은 날에는 구름이 낄 가능성이 높다."나 "공기 덩어리가 상승하고 있다면 구름이 생길 가능성이 높다." 같은 말이 그것이다.

이런 기후 모형들은 격자 상자 속의 평균 습도와, 대기의 대체적 안정성을 예측할 수 있다. 그렇다면 '파라미터 표시법 (parameterization)'을 이용해서 (습도처럼) 격자 상자로 풀 수 있는 대규모 변수들을 (하나하나의 구름처럼) 해결되지 않은 소규모 과정이나 현상에 결부시킬 수 있다. 이제 우리는 파라미터 표시법을 통해서 격자 상자의 평균 운량을 예측한다. 결국 이 모형들은 구름들을 개별적으로 명확하게 분석하지는 못하지만 평균적인 운량은 다룰 수가 있다. 모형 작업을 하는 사람들은 일반 순환 모형(GCM)에서 해결된 가장 작은 규모(격자 상자)보다 더 작은 규모라 정확히 분석할 수 없는 과정들이 낳는 효과를 평균적이나마 분석하려고 한다. 이때 기후학이나 생태학을 활용할 수도 있고 경제학 모형을 동원할 수도 있다. 아무튼 새로운 파라미터 표시법들을 개발하고 시험하고 평가하는 일은 모형 제작자들의 가장 중요한, 그리고 논쟁의 여지가 있는 과제가 되고 있다.[3]

이런 사정은 지구 시스템 과학의 매우 근본적인 논쟁을 불러일으킨다. 이는 또한 컴퓨터 모형화 작업의 유용성과 취약성을 나타내는 매우 좋은 사례다.

온실 효과

지구가 만일 태양의 복사열을 우주 공간으로 돌려보내지 않고 그대로 흡수한다면, 지구는 바닷물이 끓어오를 때까지 계속해서 뜨거워질 것이다. 우리는 바다가 끓지 않는다는 것을 알고 있으며, 지표면의 온도계들과 인공위성들은 지구의 연평균 온도가 대체로 일정하게 유지된다는 사실을 가르쳐 주고 있다 (물론 20세기에 지구 온난화로 섭씨 0.5도 오르기는 했다.). 이렇게 거의 변화가 없으려면, 매년 지구로 유입되는 복사 에너지의 양만큼 어떤 형태로든 지구를 떠나는 에너지가 있어야 한다. 다시 말해서 복사 에너지가 거의 평형 상태의 균형을 이루고 있어야 한다는 것이다. 이런 에너지 균형의 구성 요소들은 기후에는 매우 중대한 문제다.

열을 가진 모든 물체는 복사 에너지를 방출한다. 지구는 255K(섭씨 -18도) 정도 되는 흑체(물리학자들이 만들어 낸 가상의 구조물로서 이상적 복사체를 뜻한다.)의 총복사 에너지량에 해당하는 복사 에너지를 방출하고 있다. 지구 표면에 있는 공기의 평균 온도는 섭씨 14도(287K) 정도로 지구의 흑체 온도에 비해 섭씨 32도가량 더 따뜻하다. 따뜻한 표면 공기의 온도와 지구의 복사 등가 온도 간의 차이(약 섭씨 32도)가 바로 그 유명한 온실 효과다.

'온실 효과'라는 용어는 온실에 대한 일반적인 이미지에서 나왔다. 온실의 유리는 태양의 복사열을 대부분 받아들이고 많은 열을 내부에 저장할 수 있다. 그러나 실제 메커니즘은 사뭇 다르다. 실제 온실 유리의 주된 역할은 공기의 대류를 통해 내부의 열이 밖으로 빠져나가는 것을 막는 것이기 때문이다. 온실 유리는 대기처럼 적외선을 차단하거나 재복사함으로써 내부 공간을 따뜻하게 유지하지는 않는다. 대부분의 유리 구조물은 공기 대류를 통한 열의 물리적인 전달을 억누르고 있을 뿐이다. 이런 이유로 몇몇 대기과학자들은 이 유명한 용어를 사용하지 말자고 하지만, 온실 효과라는 말이 너무 널리 쓰이고 있는 데다가, 비록 정확하지는 않지만 대기가 실제로 지표면 근처에 열을 붙잡아 두고 있다는 것을 생각하면 그리 잘못된 유추라고도 볼 수 없다. 얄궂게도 몇몇 환경 운동가들 역시 이 용어를 사용하지 말자고 주장해 왔다. 그러나 이는 물리학적으로 정확하지 않은 비유 때문은 아니다. 그들은 온실이 따뜻하고 우호적인 생활 공간이라서 온실 효과라는 용어가 인간이 초래한 환경 변화에 대해 너무 온화한 인상을 줄 수 있다고 우려하는 것이다. 그들은 '지구의 열 덫(global heat trap)'이라는 용어를 선호한다. 그러나 그들의 용어도 모든 사람을 만족시킬 수는 없다.

지구의 표면 대부분과 짙은 구름은 흑체에 제법 가까운 것이 사실이지만, 대기의 기체들은 그렇지 않다. 지구의 표면에서 방출된 흑체 복사 에너지는 대기로 상승하면서 공기 분자들과 에어로졸 입자들을 만난다. 지구를 둘러싸고 있는 기체 중에서 수증기, 이산화탄소, 메탄, 질소 산화물, 오존, 그리고 그밖의 다른 많은 미량 기체들은 지구에서 복사된 적외선을 매우 선택적으로, 그러나 종종 매우 효과적으로 흡수하는 경향이 있다. 게다가 대부분의 구름은 자신이 만나는 거의 모든 적외선을 흡수한 다음 구름 표면의 온도(거의 항상 지구의 표면보다 차갑다.)를 가진 흑체처럼 에너지를 재복사한다.

대기는 유입되는 태양의 복사 에너지에 비해 지구의 적외선 복사 에너지를 잘 통과시키지 않는다. 대기 분자와 에어로졸 입자(구름의 작은 물방울을 포함해서)는 물리 특성상 대체로 지구 복사 에너지보다 태양 복사 에너지의 파장을 더 잘 통과시키는 경향이 있기 때문이다. 이런 특성으로 인해 온실 효과의 특징인 넓은 표면의 가열이 일어난다. 대기는 온실 효과를 통해 태양 복사 에너지의 적지 않은 부분을 지구의 표면까지 투과시키고, 그 다음에는 지표면과 낮은 대기에서 나온 지구의 적외선 복사를 많은 부분 차단하는(더 정확하게는 도중에서 가로채서 낮은 에너지로 재복사하는) 것이다. 지표 쪽으로 방출된 재복사는 지표면의 온난화를 더욱 강화시켜 섭씨 32도의 자연적인 온실 효과를 일으킨다. 이는 사변적인 이론이 아니라 충분히 이해되고 완전히 검증된 자연 현상이다.

가장 중요한 온실 기체는 수증기다. 수증기는 가장 풍부한 기체이기도 하거니와 여러 범위의 적외선 파장에 걸쳐 있는 지구 복사 에너지를 흡수하기 때문이다. 이산화탄소는 또 다른 주요 온실 기체다. 비록 이산화탄소가 수증기보다는 아주 적은 양의 적외선을 흡수하고 재방출하지만, 인류의 활동으로 인해 이산화탄소의 농도가 점점 더 늘어나고 있으므로 매우 중요하다. 앞에서 언급했듯이 오존, 질소 산화물, 황산화물, 몇몇 탄화수소, 염화불화탄소 같은 일부 인공 화합물도 온실 기체들이다. 그것들이 기후에 얼마나 큰 영향을 미치는가는, 대기 속에서의 이들의 농도와 그 농도의 변화율에 달려 있다.

지구의 온도는 지구 복사 에너지의 균형에 따라 결정된다. 그리고 이런 균형을 통해서 유입되는 태양 복사 에너지의 흡수량과 기후 시스템이 우주 공간으로 방출한 지구 복사 적외선은 1년 동안 거의 정확하게 평형을 이룬다. 이 두 양은 대기와 지표면의 특성에 따라 결정되기 때문에, 이런 성질의 변화를 다룬 주요 기후 이론들이 만들어졌다. 이론의 대부분은 기후 변화에 대한 그럴듯한 가설의 수준에 머물러 있다. 자연계의 온실 효과는 분명히 과학적으로 의심의 여지없이 입증되었으며, 지금까

지 기후와 생물의 공진화를 진행해 온 자연의 온난화를 설명해
주고 있다. 인간이 자연계의 온실 효과를 확대하는 일(지구 온난
화)이 얼마나 심각한 영향을 미치고 있는가는 지금도 계속 논의
되고 있는 문제다.

모형의 정당성을 입증할 수 있는가?

　모형의 정당성을 입증할 수 있는가? 이는 근본적으로 철학
적인 질문이다. 엄밀히 말해서 논리적인 대답은 '아니오.'다. 앞
에서도 이야기했듯이 기후 변화를 초래하는 인류의 행동이 전
례가 없는 데다가, 정확히 비교할 만한 시험 수단이 없는 조건
에서 모형의 정당성을 입증할 경험적 방법이 명확하게 없기 때
문이다. 그러나 모형의 하위 요소들을 시험하고 모형화 작업을
전반적으로 평가하기 위해서 할 수 있는 일들은 실제로 많다.
비록 완전한 시험은 아니지만, 이런 일들은 적절한 정황적 증거
이상의 의미를 갖기 때문에 모형 실행에 대하여 주체적으로 확
신을 갖고 판단할 수 있게 해 준다.

　현행의 모형화 작업이 해결할 수 있는 것보다 작은 규모로

일어나는 과정에 대해서는 여러 종류의 파라미터 표시법들을 쓸 수 있는데, 과학자들은 어떤 종류가 가장 좋을지를 논의한다. 그들이 제시하는 조건은 그 파라미터 표시법들이 우리가 정확하게 처리할 수 있는 것보다 작은 규모에서 일어나는 과정들의 대규모 결과를 정확하게 표현하고 있는가 하는 것이다. 이제 기후 변화를 예측하는 데에 모형의 파라미터 표시법이 얼마나 타당한가를 실험하는 일이 중요해진다. 실제로 우리는 이런 파라미터 표시법들이 '충분히' 좋은가, 그렇지 않은가를 쉽게 알 수 없다. 우리는 어떤 실험실에서 그 파라미터 표시법을 시험해야 한다. 이 파라미터 표시법은 지구의 고기후에 대한 연구에서 매우 유용한 것으로 판명되었다. 우리는 또한 특별한 목적에 적합한 분야나 모형화 연구에 착수함으로써 파라미터 표시법들을 시험할 수 있다. 이는 대규모 모형이 중요하다고 알려 준 파라미터로 표시한 일부 과정들의 상세한 세부 사항을 이해하기 위한 한 것이다.

　미국의 중앙부에서 시계를 거꾸로 돌려 보자. 네브래스카 주의 모래 언덕 지대를 알고 있는가? 오늘날 그곳은 대부분이 초원으로 뒤덮인 농경지지만, 3,000~8,000년 전에는 매우 건조

했고 언덕들은 모래로 되어 있었다. 오늘날 널리 알려진 아이오와 주와 일리노이 주의 다습한 콘 벨트(corn belt, 미국 중서부의 옥수수 재배 지대—옮긴이)도 지금보다는 훨씬 더 건조했다. 이곳은 길이 수백 킬로미터의 혀처럼 생긴 심한 건조 지역이었는데, 고기후학자들은 이곳을 '평원 반도(prairie peninsula)'라고 부른다.

홀로세 이전 1만 5000~2만 년 전에는 날씨가 너무 추웠기 때문에 중서부의 어느 곳에서도 콘 벨트가 형성될 수 없었다. 당시 콘 벨트에는 오늘날 캐나다의 북방 침엽수림대에서 북쪽으로 수백 킬로미터 떨어진 곳에서 쉽게 찾아볼 수 있는 가문비나무들이 무성했다. 빙하가 점차 북쪽으로 물러가고 기후가 따뜻해지면서 자연계의 식물상은 혼란과 이동, 그리고 변화를 겪었다. 그리고 그 후 서부 평원의 초원 지대와 동부 평원, 그리고 북동부 지방의 활엽수림을 아우르는 현재의 패턴이 자리 잡게 되었다.

3,000~8,000년 전의 여름은 오늘날보다도 몇 도 정도 기온이 높았는데, 당시에는 평원 반도의 광대한 건조 지대가 미시시피 계곡까지 뻗어 있었다. 만약 몇 도 높은 온난화가 되풀이되면(이번에는 인류가 발생시킨 온실 기체가 불러온 결과로서), 네브래스카

주의 모래 언덕 지대가 다시 모래로 덮이게 될지도 모른다.

이와 같은 극적인 변화는 미국 중부의 대평원에서 현재 이루어지고 있는 농업에, 또는 그 지역의 경제 상황에 심각한 압력을 줄 것이다. 과학자들은 무엇이 처음의 온난화를 일으켰고 환경이 그것에 어떻게 반응했는지를 밝히고 싶어 한다. 이런 내용을 알게 되면, 21세기의 온실 효과를 예측하는 데 사용한 것과 똑같은 도구를 이용해서 평원 반도의 건조 과정을 '사후 예측'할 수 있을까?

태양 둘레를 도는 지구 궤도의 변화로 인해, 9,000년 전에서 6,000년 전까지는 여름과 겨울에 지구에 내리는 태양 에너지의 양이 지금과 다른 식으로 분배되었을 가능성이 있다. 여름에는 햇빛을 5퍼센트 더 받고, 겨울에는 5퍼센트 적게 받았다는 것이다. 이런 일은 여름의 기온이 몇 도 높았던 사실을 설명할 수 있다. 나는 겨울과 여름을 모두 따뜻하게 하는 온실 기체의 증가로 인한 온난화는, 평원 반도가 확대된 시대의 더운 여름에 일어났던 일에 대한 적절한 비유가 될 수 없다고 믿는다. 하지만 이런 생각이 그 시대가 21세기에 대해 어떤 교훈도 주지 않는다는 뜻일까? 결코 그렇지 않다! 만일 인류 활동의 영향으로

빚어진 미래의 변화를 예상하는 데 이용한 것과 똑같은 기후 모형을 과거의 자연 변화의 연구에 적용할 수 있다면, 또한 그것이 변화의 패턴을 매우 잘 재현하는 것으로 나타난다면, 이런 평가 과정은 모형의 신뢰성을 높이는 데 도움을 줄 것이다.[3] 우선 과거에 있었던, 어떤 강제력에 의해 일어난 커다란 변화를 대상으로 그 모형을 실험해 본다면, 미래의 강제된 기후 변화를 예측하는 데 그것을 더 만족스럽게 사용할 수 있을 것이다.

지질학자들은 암석 기록을 파헤치지만 고기후학자들은 야외 현장에서 토양과 호수의 퇴적물 표본을 채취해서 실험실로 가져간다. 그곳에서 고기후학자들은 표본의 각 층에 남아 있는 꽃가루 입자의 종류를 확인하고, 방사성 탄소 연대 측정법으로 각 층의 연대를 측정한다.

연구자들은 어떤 나무나 풀의 꽃가루가 그곳에 있는지를 확인하고 그 상대적인 비율을 확인하여 연대를 추정한다. 그러고 나서 상대적인 비율을 통해 고온다습한 기후를 좋아하는 생물과 그렇지 않은 생물 종의 기후가 어떻게 변화했는가를 추정한다.

온도나 강수량 같은 대규모의 환경 요인과 어떤 생물 종이 발견된 장소 사이의 관련성은 '생물지리학'이라는 분야에서 다룬다. 생물지리학자들은 그 지역의 온도와 강수량만 알면 어떤 종류의 식물군이 어느 곳에 있을지를 대규모(수백 킬로미터)의 지도 위에 나타낼 수 있다.

예를 들어 여름의 기온이 10도 이하면 툰드라로, 기온과 강수량이 높으면 열대 우림으로, 건조하면 사막으로 예측할 수 있다는 것이다. 그러나 불행하게도 토질이나 경쟁, 동물에게 먹히는 초본 식물과 같은 지역적인 요인들은 이러한 생물지리학적 '예측'을 매우 일반적인 결론이나 대략적인 근삿값으로 만들어 버린다.

연구자들은 또한 온도와 해수면의 높이를 나타내는 지표의 대용물로 화학 조성을 분석할 수 있는 화석이나 암석, 조가비, 얼음 등의 해양이나 빙하 퇴적물을 검사한다. 고기후학자들은 여러 곳의 표본을 채취함으로써 변화 패턴의 일관성 있는 징후를 찾을 수 있다. 이러한 패턴은 신뢰할 수 있는 정량적 고기후학을 구축하는 데 필요하다.

연구자들은 이러한 모든 방법을 동원해서 미국 중서부에 확대된 평원 반도가 있었으며, 그 시기는 홀로세 중엽에 해당한다는 것을, 그리고 같은 시기에 전 세계적으로 다른 많은 변화들이 일어났다는 것을 추론할 수 있었다. 예를 들어 아프리카나 현재 인도의 사막에서 발견된 화석을 통해서 5,000∼9,000년 전에는, 인도와 아프리카의 몬순 기후 지대에 현대나 빙기에 비해서 훨씬 더 많은 비가 내렸다는 사실을 알게 되었다. 6,000년 동안, 다습한 열대 지역은 지금과 비교해서 상대적으로 거의 변화가 없었지만, 현재의 건조 열대 지역은 훨씬 더 많은 변화를 겪었다. 중앙아프리카 북부의 강물과 호수의 수면도 5,000∼9,000년 전에 획기적으로 높아졌다.[5]

빙기는 어떻게 왔다가 어떻게 사라지는가?

보다 최근의 지질 시대, 예를 들어 70만 년 전부터 현재까지를 살펴본다면 일련의 기후 주기가 뚜렷이 보인다. 대략 10만 년에 한 번씩 1만 년에서 2만 년에 이르는 간빙기가 있고, 그 뒤 수만 년 동안 매우 깊은 빙기가 진행된다.

간빙기와 가장 깊은 빙기 사이의 기간은 대부분 지금보다 추웠다. 간빙기에서 빙기의 정점을 향해 나아가는 과정은 좀 더 완만하게 전개되는 경향이 있다. 8만 년 동안 변동이 심한 빙하의 축적 과정이 있은 후, 1만 년의 혹독한 빙기의 정점이 그 뒤를 따르고, 마지막으로 빙기의 매우 신속한 쇠퇴가 이어진다(가장 최근의 빙기는 1만 년 전쯤에 끝났다.). 고기후학자들은 이를 가리켜 톱니 패턴(sawtooth pattern)이라고 한다. 완만한 빙하의 축척과 그 뒤를 잇는 빠른 쇠퇴의 원인에 대해서는 많은 논란이 있다. 앞의 이야기는 있을 법한 일련의 사건을 단순화한 하나의 예다.

마지막 빙기 이래로 얼음의 분포 범위는 어떻게 되었을까? 1만~1만 1000년 전에는 영국 제도의 북쪽 절반가량이 얼음에 덮여 있었고, 8,000년 전에는 이 얼음이 거의 남아 있지 않게 되었다그림 3. 북아메리카 대륙의 대륙 빙하는 뉴욕 주의 롱아일랜드 섬에서 위스콘신 주까지, 그리고 캐나다의 상당히 많은 부분을 가로지르며 뻗어 있었다. 그 대부분은 6,000년 전에야 사라졌다.

충분한 얼음이 쌓이면서 빙기를 불러오는 일은 어떻게 가능할까? 많은 고기후학자들은 밀란코비치 메커니즘이 이런 주기적 변화의 요인이라고 생각한다. 이런 생각은 모형에 의해서도 뒷받침된다. 이 이론에 따르면 지구 궤도의 변화가 지축의 기울기를 변화시키고, 이것이 겨울과 여름, 적도와 양극 간의 일조량을 조정한다는 것이다.[6] 이 이론은 빙기와 간빙기의 주기를 다음과 같이 설명한다. 어느 해의 겨울에 유난히 눈이 많이 내리고 공전 궤도적인 요소도 적합해서(북위도 지방의 여름철 일조량이 적어서) 여름에도 그 눈이 완전히 녹지 않는다. 눈은 나무나 풀, 흙보다 더 많은 태양열을 반사하고, 이로 인해 기온은 더 떨어지고 이듬해의 여름은 더 추워지는 전형적인 정의 되먹임 시스템이 생겨난다. 결국 이렇게 쌓이고 쌓인 눈이 단단하게 다져지면서 얼음이 되고, 날씨가 점점 더 추워지면서 얼음 지역은 남쪽으로 그 범위를 확장해 간다. 이렇게 약 5만 년의 세월이 흐른 뒤, 대륙 빙하는 북극 지방에서 영국까지, 캐나다에서 미국의 위스콘신 주까지 전진한다. 거대한 얼음의 무게가 아래의 지각을 짓누른다. 결국은 바닷물이 대륙 위에서 얼어붙어 빙하를 형성함에 따라 해수면은 100미터 낮아진다.

그렇다면 빙기는 어떻게 역전될 수 있을까? 다음은 이에 대한 비교적 타당한 설명이다. 날씨가 너무 추워 북위도 지방에는 눈이 많이 오지 않고, 이에 따라 빙하들도 더 이상 커지지 않는다. 얼음이 누르는 무게 때문에 그 밑의 기반암은 가라앉고, 이에 따라 빙하의 정상이 낮아져 상대적으로 따뜻한 공기에 노출된다. 그동안 지구의 지축이 다시 위치를 바꿔 여름철의 일조량이 증가하게 되고, 이 두 가지 사건이 결합하면서 빙하가 줄어든다. 얼음에 덮이지 않은 맨땅이 점점 더 많이 나타나고 식물들이 다시 자라면서, 지구는 더 많은 열을 흡수하게 된다. 지구는 이런 정의 되먹임 구조에 의해 급속히 간빙기로 들어간다. 톱니 패턴은 이렇게 만들어진다. 그리고 1만 년에서 2만 년 후에는 전체 주기가 다시 한번 시작된다.

연구자들이 기후의 모형을 제작해서 이런 종류의 강제와 되먹임 요인을 삽입하면, 이 모형들은 빙기에서 간빙기로 전환되는 시기의 톱니 패턴을 컴퓨터로 재현해 보여 준다. 그러나 고기후적 시뮬레이션 모형은 아무리 성공적이라고 해도 지구 온난화를 확인하는 데에는 정황 증거에 지나지 않는다. 앞에서 간단히 이야기한 메커니즘의 결합체가 우리가 모형에 집어넣은 방식 그대로 자연계에서도 작용했다는 점을 확실히 알 수 있는 방법이 없기 때문이다. 예를 들어 지난 80만 년 동안 지배적으로 나타났던 10만 년의 주기는 지구 궤도의 이심률(離心率)의 변화 때문이라고 보기 어렵다. 왜냐하면 이런 10만 년의 변동은 지구에 유입되는 태양 에너지에 너무 적은 변화를 일으키기 때문이다. 최근에는 지구 궤도 면의 기울기에서 오랫동안 등한시 된 하나의 변수가 발견되었고, 이 변수가 지난 60만 년 동안 나타난 10만 년 주기의 빙기와 잘 부합한다는 점이 지적되었다. 그러나 현재로서는 이런 부합을 우연의 일치 이상으로 보게 할 어떤 명백한 메커니즘도 없다. 빙기를 둘러싼 이론은 정말로 아직도 결론이 나지 않은 문제인 것이다. 하지만 고기후의 재현과 모형 시뮬레이션의 다양한 측면들 사이에서는 몇 가지의 기본 개념에 상당한 신뢰성을 부여하기에 충분한 일관성이 보인다(2장의 주 13을 보라.).

기후의 최적 조건

나는 천문학자들이 태양 주위를 도는 지구의 공전 궤도가 2만 년, 4만 년, 10만 년의 주기로 변한다고 밝힌 사실을 알고 있다. 현재 지구는 해마다 1월이면 태양에 가장 가까이 접근하지만, 9,000년 전에는 7월에 가장 가까웠다. 앞으로 1만 년 후에는 다시 반대가 될 것이다. 우리는 지구 궤도의 변화로 인해 지구가 받는 연간 태양 광선의 총량은 0.2퍼센트 이상 변하지 않지만, 궤도 효과는 위도나 계절에 따른 햇빛의 분포를 10퍼센트나 변화시킬 수 있음을 알고 있다. 이를 가리켜 '태양-궤도의 강제'라고 한다. 우리는 9,000년 전의 여름철에는 북반구에 약 8퍼센트 많은 햇빛이 내리쬐었다고 확신하고 있다.

　최근에 이루어진 컴퓨터 모형화 작업의 발전과 더불어, 모형 제작자들은 이제 과거 기후의 이런 변화를 시뮬레이션하고 설명할 수 있게 되었다. 그들은 대륙 빙하의 변화, 대기 중의 입자, 이산화탄소, 그리고 태양 에너지에 대해 우리가 알고 있는 모든 사실, 즉 이런 모든 '강제 요소'를 취합해 모형에 입력할 수 있다. 그리고는 수천만 년 전에는 어떤 기후가 펼쳐져 있었는가를 시뮬레이션하는 것이다.

　이런 현상을 연구하는 과학자들도 호수 바닥의 퇴적물 속에서 캐낸 꽃가루 화석을 조사해서 가문비나무의 삼림이 어떤 과정을 거쳐 북쪽으로 이동했는지 관찰했다. 그 후 그들은 고기후의 변화를 설명하는 기후 모형의 예측을 이용하면서 온도나 강수량의 변화와 삼림 생태계 변화를 설명하는 또 다른 모형을 사용함으로써 기후의 과학과 생태계의 과학을 결부시켰다. 이런 작업을 통해 우리는 모형으로 계산한 온도와 강수량 변화로 인해 생태계에 어떤 일이 일어나는가를 시간의 흐름에 따라 예측할 수 있다. 또한 기후 모형이 예측한 생태계의 변화를 꽃가루 화석에서 알아낸 사실과 대조하여 확인함으로써 기후 모형을 테스트할 수 있다. 지구 과학 분야를 연구하는 많은 과학자들은 한 국제 컨소시엄에서 6년에 걸친 '홀로세 지도 제작 공동 프로젝트(COHMAP)'라는 계획을 위해 함께 일했다. 그들은 기후와 생태계 모형들에 대한 많은 자료를 비교해 본 결과 광범위한 패턴에 대해서는 유사하다는 고무적인 결과를 얻었지만, 하나하나의 세부 사항들은 반드시 일치하지 않음을 알 수 있었다. 따라서 이런 모형들로는 특정 장소, 특정 시점에 일어난 사건의 특수한 세부 사항까지 예측할 수 없음이 밝혀졌다.

그렇다면 중요한 의문이 떠오른다. 16만 년에 걸친 자연적 변화와 모형이 예측한 변화 사이에서 관측된 일반적인 상관 관계가, 지난 (또는 향후) 100년 동안의 온도 상승과 온실 기체의 축적 사이에서 찾을 수 있는 양적인 인과 관계를 입증해 주는가 하는 것이다. 아직 그렇지는 않다. 또 다른 설명들이 여전히 가능하기 때문이다. 하지만 이와 같은 인과 관계가 매우 타당해 보인다고 주장할 수 있을 정도의 합의는 이루어져 있다. 나는

20세기의 온난화 경향과 온실 기체의 강제력 사이에 인과 관계가 있음을 80~90퍼센트의 확신을 가지고 말할 수 있다(이 점에 대한 다른 과학자들의 주관적인 견해에 대해서는 6장을 참고하라.). 증거는 유력하지만 여전히 정황적인 것이어서 확정적이지 못하다. 이는 분명 특정 이익 집단들 사이에 논쟁을 불러일으키기에 좋은 상황이다.

인류에 의한 기후 변화가 이미 탐지되었는가?

나는 앞에서 온도계의 기록그림 5에 따르면 20세기 동안 온도가 약 섭씨 0.5도 오르는 온난화 경향을 볼 수 있다고 지적했다. 이와 동시에 이산화탄소와 메탄, 일산화이질소 같은 온실 기체들의 농도도 증가했다. 지금까지 많은 정책 분석가들과 의사 결정자들이 이런 상관 관계가 우연한 동시성일 뿐인가, 아니면 원인과 결과인가를 물어 왔다. 다시 말해 인류가 기후 변화를 유발했다는 징후가 관측된 온도 기록에서 발견되고 있는가 하는 것이다. 이 질문에 대한 답은 간단할 것 같지만, 사실은 대답하기가 여간 까다로운 것이 아니다. 따라서 많은 논쟁이 일어날 수 있다.

무엇보다도 우선 어떤 신호를 '탐지'하기 위해서는 그것을 소음이 가득한 배경에서 끄집어내야만 한다. 지구의 평균 온도 기록은 해마다, 그리고 10년마다 약 섭씨 0.2도씩 변했다. 그것은 단지 무작위적 소음에 불과한가, 아니면 화산 폭발에서 분출된 에어로졸이 일으키는 현상 같은 강제된 반응인가? 나는 두 가지 모두 답이 될 수 있다고 생각한다. 지구 온도가 1883년(크라카타우 섬), 1963년(아궁 산), 1983년(엘치콘 화산), 1991년(피나투보 화산)의 화산 활동 이후 2, 3년 동안 몇 도씩 떨어진 것은 십중팔구 이런 화산의 분출물 때문에 생긴 성층권의 먼지 구름이 강제한 반응과 관련된 것으로 보인다. 반면 해마다 일어나는 온도의 오르내림은 대부분 '소음'에 불과할 것이다. 이것은 기후의 하위 시스템들, 즉 대기와 대양, 대륙 빙하, 토양, 생물상 사이에서 일어나는 에너지와 물질 교환에 의한 무작위적인, 또는 '확률적인' 내부 진동인 것이다.

그렇다면 1세기 동안 섭씨 0.5도의 온도가 올라간 온난화 경향은 어떤가? 그것도 소음일까? 이런 질문은 한 쌍의 주사위를 한 번 굴려서 둘 다 1의 눈이 나왔는데(36분의 1의 확률), 이것을

보고 그 주사위에 납을 박았는지 알 수 있느냐고 묻는 것과 마
찬가지다. 우리는 대부분 주사위를 여러 번 굴려서 그런지 아닌
지를 확인하고 싶어 할 것이다. 그러나 지구와 지구 기후의 경
우에는 온도계가 세계적으로 통용되기 시작한 것이 1세기를 넘
지 못하므로, '기후 주사위'의 확률을 가르쳐 줄 직접적인 수단
이 없다. 이 경우 1세기 동안 섭씨 0.5도 올라가는 온난화 경향
이 우연한 사건일 수도 있다. 좀 더 정확히 말하면 0.5도의 상승
경향이 이런 자연적 소음에 해당하는 것인지, 아니면 그보다 더
큰 것인지를 알아보기 위해서는 장기간에 걸친 자연의 변동성
(기후 소음)을 알아야만 한다. 만일 소음보다 더 크다면, 20세기의
온난화는 무작위적인 사건이 아님을 확실히 알 수 있다(이 과정을
가리켜 우리는 '기후 신호의 탐지'라고 한다.). 그러나 우리가 소음보다
큰 기후 신호를 탐지했다고 해도, 이렇게 탐지된 변화를 인류
활동의 결과로 간주하기 전에 해야 할 일들이 많이 있다(이런 문
제를 가리켜 '기후 신호의 원인 규명'이라고 한다.).

  2,000년(1세기가 20번 포함된 기간)에 걸쳐 지표면 온도의 경향
성에 대한 직접적인 관측 결과가 없는 것을 두고, 어떤 사람들
은 지금까지는 기후 변화의 직접적인 증거가 없다고 말한다. 이

런 이야기가 비록 사실이라고 해도 사람들을 혼란스럽게 하기 쉽다. 상당한 '간접' 증거가 남아 있기 때문이다. 예를 들어 나무 나이테의 폭은 기후 변화를 가르쳐 주는 대용품이다. 그래서 과학자들은 세계 곳곳에서 수천 년의 세월을 되돌리는, 수천 개에 달하는 나이테를 모으고 있다. 또 다른 '온도계' 대용품으로는 빙하 운동에 따른 지형의 변화, 호수 밑바닥 퇴적물에서 볼 수 있는 꽃가루 수의 변화, 그리고 오래된 빙하 적설층의 화학 조성 변화 등이 있다. 이런 대용 기록은 지구 온도의 정확한 지표는 아니지만 이것들을 함께 살펴보면, 섭씨 0.5도의 지구 온난화는 매우 부자연스러운 사건으로, 최근의 간빙기 역사를 통틀어 평균 1,000년에 한 번씩만 일어났음을 알 수 있다. 이런 간접 증거들은 20세기의 온도계들이 기록한 지구 온난화는 실질적인 기후 변화가 탐지된 것이라는 생각을 강력하게 뒷받침한다. 내가 자연스러운 오르내림이 아닐 가능성이 80~90퍼센트는 된다고 믿는 이유가 바로 이것이다. 그러나 이런 경향의 원인은 어떻게 규명할 수 있을까?

인류가 온실 기체를 증가시켜 온난화를 일으켰다고 주장하기 위해서는 태양 복사열의 변화나 화산 폭발 같은 다른 잠재적 원인을 모두 배제해야만 한다. 게다가 태양 에너지의 복사량에 대한 직접적인 증거는 상대적으로 짧은 기간, 즉 우주 공간으로 쏘아올린 관측 기구들이 왜곡 현상을 일으키는 대기권 위를 날면서 측정을 시작한 지난 20년에 대해서만 얻을 수 있다. 이런 측정치를 보면, 11년에 걸친 태양 흑점 주기 동안, 태양의 복사열에 어느 정도의 변화(0.5퍼센트 이하)가 나타난다는 것을 알 수 있는데, 이는 너무 적은 양이어서 지구의 기온 변화를 설명해주지 못한다.[8] 물론 우리가 우주 공간으로 운반할 수 있는 신뢰할 수 있는 기계를 갖기 전에 태양 복사량에 더 큰 변화가 있었을 수도 있다. 이런 가능성이 소음 논쟁을 불러일으켜, 온실 효과를 의심하는 사람들은 태양의 변동성이 지금까지 관측된 온난화 경향을 일으켰다고 주장하기에 이르렀다(물론 그들 역시 직접적인 증거를 갖고 있지는 않다.). 나와 나의 동료 대부분은 태양 하나만으로 지난 100년간의 기후 변화를 설명한다는 것은 당치도 않은 일이라고 생각하지만, 그렇다고 해서 99퍼센트의 매우 높은 확률로 그 이야기가 부적절하다고 선언할 수도 없다. 지금까지 관측된 1세기 동안의 온난화가 매우 높은 확률로 인류의 활동에 기인하는 것이라고 주장하려면, 앞으로도 10~20년은 계속 태양 복사열과 지표면의 온난화 경향(1995년은 기록적으로 따뜻한 해였다.)을 관찰해야 할 것으로 보인다. 이는 '만일' 우리가 지표면의 평균 온도만으로 변화를 측정하려 한다면, 원인을 확실하게 규명을 위해서는 수십 년이 필요할 것이라는 뜻이다.

어떤 경찰관이 알리바이가 없는 여러 명의 용의자를 발견했다고 가정해 보자. 하지만 알리바이가 없다는 사실만으로 그들이 유죄라는 것을 입증할 수는 없다. 그러면 경찰은 다른 직접적인 증거, 특히 지문을 찾는다. 그렇다면 기후에도 '지문'이 있을까? 그 대답은 조건부의 '예'다. 예를 들어 이산화탄소의 열차단 효과에 따르면, 기후 모형의 평균 지구 표면 온도는 상승하지만 성층권의 온도는 떨어지고, 북반구의 온도는 남반구보다 더 따뜻해진다. 그리고 녹아 가는 빙하와 눈이 더 많은 햇빛을 흡수하면서 고위도 지방의 기후 신호를 증강시키기 때문에 극지방이 열대 지역보다 더 따뜻해진다. 결국 변화의 패턴, 즉 기후의 지문은 이산화탄소가 2배가 되는 모형에서 발견할 수 있다. 그러고 나서 기후학자들은 이런 모형이 만들어 낸 지문이 실제의 자연계에서도 발생하는지를 알아보기 위해 관측 기록을 조사한다. 결과는 뒤죽박죽이었다. 관측된 온난화는 물론 일어났지만, 남반구가 북반구보다 더 따뜻했으면 따뜻했지 덜하지 않았고, 극지방 특유의 온난화도 모형의 예측과 맞지 않았다. 성층권의 온도도 실제로 떨어졌지만 온실 기체 증가의 모형이 예측한 것 이상으로 낮아졌다.

온실 효과에 회의를 품은 사람들과 그들의 정치적 지지자들은 관측 기록에 명백한 지문이 없으므로 이 모형을 증거로 인정할 수 없다고 목청을 돋운다. 그러나 (나를 포함한) 많은 기후학자들은 이에 대해 다음과 같은 점을 지적했다. 그 모형들이 지금까지 자연에 가해진 것과 똑같은 일련의 외적인 강제 요인들에 의해 가동될 때에만, 자연의 기후 변화 패턴과 기후 모형의 패턴을 비교하는 일이 공정할 것이라고.[9] 이것은 온실 기체의 증가라는 하나의 요소만으로 모형을 가동해서는 안 된다는 뜻이다. 여기에는 (오존량의 변화와 생물 자원의 소각과 같은 절대적인 중요성이 더 적은 것으로 여겨지는 다른 강제 요인 중에서도) 황 함유율이 높은 석탄과 석유를 태울 때 발생하는 에어로졸이 일으키는 중요할 수도 있는 지역적 저온화 효과까지도 포함시켜야 한다. 지구 규모로 일어나는 온실 기체의 증가와 황산 에어로졸의 지역적인 양상, 두 가지 모두를 가동 요소로 한 최근의 모형들은 온실 기체 하나만으로 가동한 모형들과는 전혀 다른 지문(기후 변화 양상)을 보여 준다.[10] 산업적으로 생성된 이런 에어로졸은 대부분 북반구에 존재한다. 이것들은 약간의 태양 에너지를 (특히 여름에) 반사하면서 기후를 차갑게 만들고, 그 결과 온실 기체 한 가지만으로 야기된 온난화의 규모가 다소 상쇄된다. 이런 상쇄 효과는 대부분 북반구에서 일어나는 것으로 예상할 수 있다. 실제로 캘리포니아 주에 있는 로렌스 리버모어 국립 연구소에서 이산화탄소와 에어로졸이라는 두 가지 강제 요인을 이용해서 시험한 최근의 모형을 살펴보면, 남반구가 약간 더 따뜻하며 고위도 지방에서는 온도 상승이 거의 없는 것으로 나타난다. 성층권은 여전히 온도가 낮다. 만일 오존층 파괴의 효과까지 포함시킨다면 관측 결과에 훨씬 더 가까워질 것이다.[11] 이런 기후 지문의 패턴은 1960년부터 1990년까지 관측된 지역적 · 계절적 기후 변화 패턴에 가깝다. 1995년 '기후 변화에 관한 정부 간 협의체(IPCC)'에 참여한 수백 명의 과학자들은 이런 고무적인 일치에 힘입어, 이제 실제적인 기후 변화를 탐지하고 적어도 그 일부는 인류의 활동에서 기인한 것으로 생각할 수 있다고 조심스럽게 결론내릴 수 있었다. IPCC 보고서의 집행 적요서(Executive

Summary)는 남아 있는 많은 불확실성을 인정하면서, (이 한 문장의 표현에 대해 며칠 동안 토론을 벌인 끝에) 다음과 같은 결론을 내렸다. "그럼에도 불구하고 증거의 우세를 따져 본 결과, 인류가 기후에 인식할 수 있는 영향력을 미치고 있음을 알 수 있다."[12] 12시간이 넘는 토론 끝에 "인식할 수 있는(discernible)"이라는 단어를 선택했다. 내가 1976년에 펴낸 『발생의 전략(The Genesis Strategy)』에서 사용한 "논증할 수 있는(demonstrable)"과 아주 다르지 않은 말이다.[13]

이 새로운 지문이 결정적인 증거로서 적합한지, 아니면 일어날 가능성이 높지 않은 우연의 일치일 뿐인지를 두고, 몇 년 동안 많은 논쟁이 있을 것이다. 그동안 실험실 지구는 계속해서 답을 만들어 낼 것이다. 현실적인 실험을 통해서 말이다.

마지막 하나의 논점은 기후 신호의 탐지와 원인 규명이라는 정황 속에서 다루어져야 할 것이다. 온실 기체와 에어로졸 농도의 미래 상태가 여러 가지라고 할 때, 최근까지도 기후 모형화 작업을 하는 연구팀들은 시간에 따른 기후 변화의 동향을 일관되게 계산할 능력을 충분히 갖추지 못했다. 다시 말해서 단기적인 기후 변화의 시나리오를 쓰지 못했다는 것이다. (물론 현실 세계의 지구는 단기적인 실험을 겪고 있다.) 그들이 만든 모형들은 이산화탄소가 시간에 따라 점진적으로 증가하는 것(이것이 현실적이고 현실적인 모형이라면 다뤄야 하는 것이다.)이 아니라 인위적으로 2배가 되고 그 상태가 무기한으로 고정되었을 때 지구의 기후가 결국 어떻게 될 것인가(최종 평형 상태)를 추정하는 데 이용되고는 했다.

열의 측면에서 볼 때 매우 규모가 큰 대양의 높은 열 보유 용량 때문에 모형의 단기 시뮬레이션은 평형 시뮬레이션에 비해 즉각적인 온난화 경향을 나타내지 않는다. 그러나 그 인식되지 않은 온난화는 결국 몇십 년 후에 모습을 드러내게 되어 있다. 우리를 속여 장기적인 기후 변화를 과소 평가하도록 할 수 있는 이런 열 지연 현상은 대기의 모형을 대양, 빙하, 토양, 생물권의 모형과 결부시킴으로써 설명할 수 있게 되었다. 이것을 지구 시스템 모형(Earth System Models, ESM)이라고 한다. 지구 시스템 모형을 이용한 이러한 단기 계산의 초기 산물들은 지구에서 관측한 기후 변화와 훨씬 더 정확하게 일치한다. 온실 기체와 황산 에어로졸을 모두 이용해서 영국의 해들리 헨터 연구소와 독일 막스 플랑크 연구소의 단기 모형들을 가동시키자, 이들

의 시간의 흐름에 따른 시뮬레이션은 인간이 기후에 미친 영향
에 대해 훨씬 더 현실적인 지문 증거를 가져다주었다.[14] 모형을
전적으로 신뢰하기 위해서는 이런 결과를 낳는 컴퓨터 시뮬레
이션들이 더 많이 필요하겠지만, 과학자들은 현재의 추정이 비
평가들이 거듭 선언하는 것과 같은 허깨비가 아니라는 점을, 점
점 더 자신감을 갖고 이야기하기 시작했다.

　하지만 지구 시스템 모형처럼 복합적으로 결합된 시스템이
이산화탄소나 에어로졸 같은 외적 교란 요인에 의해 매우 빠른
속도로 변하게 될 때에는 예기치 못한 결과가 나올 수 있다. 실
제로 수백 년이라는 기간을 다룬 몇 가지 단기 모형들은 (지구 해
류의 급격한 변화와 같은) 기본적인 기후 상태에 대한 극적인 변화를
보여 준다.[15] 1982년, 스탈리 톰프슨(Starley Thompson)과 나는 매우
단순화한 단기 모형을 이용해서, 시간의 흐름에 따른 기후 변화
패턴이 이산화탄소 농도가 증가하는 속도에 따라 달라지는가를
조사했다.[16] 이산화탄소의 농도가 완만하게 증가하는 시나리오
에 대해서, 그 모형은 표준 모형의 결과를 예측했다. 즉 열대 지
역에 비해 극지방의 온도가 더 많이 상승했다.

　적도 지방과 극지방의 온도차에 어떤 변화가 생기면, 지역

적으로 기후 변화가 일어난다. 온도차가 대규모 바람의 패턴에 영향을 미치기 때문이다. 그러나 이산화탄소의 농도가 매우 급속히 증가한 경우에는, 남반구에서는 적도 지방과 극지방의 온도차가 역전되는 것을 발견할 수 있었다. 만일 이런 일이 수십 년 동안 지속된다면, 기후가 새로운 평형 상태에 적응하는 약 1세기의 세월 동안 예상치 못한 기후 조건이 조성되리라는 것을 알 수 있다. 다시 말해 우리가 자연을 더 빨리, 더 강하게 다그칠수록 놀라운 일이 일어날 가능성이 더욱 커진다는 뜻이다. 그리고 그 일부는 감당하기 힘들 것이다.

15년 후, IPCC는 다음과 같은 단락으로 집행 적요서를 마쳤다.

미래에 일어날 수도 있는 예기치 못한 (과거에도 발생한 것과 같은) 기후 시스템의 대규모적이고 급속한 변화는 처음부터 예측하기 어렵다는 특성을 갖고 있다. 이는 미래의 기후 변화가 '놀라운 일들'을 불러올 수도 있음을 뜻한다. 이런 일들은 특히 기후 시스템의 비선형성에서 기인한다. 비선형 시스템을 빠르게 강제할 때에는 특히 예기치 못한 반응이 나타나기 쉽다. 기후 시스템의 비선형 과정과 하위 요소를 조사하면 한발 더 나아갈 수 있을 것이다. 비선형 반응의 예로는 북대서양 해류 순환의 급속한 변화와, 육상 생태계의 변화와 관련된 되먹임을 들 수 있다.[17]

물론 우리가 인간의 활동이 대기를 변화시키는 속도를 정책적으로 늦추려고 한다면, 그 시스템은 덜 "빠르게 강제"될 것이다. 나는 논쟁의 여지가 있는 이 문제를 이 책의 마지막 부분에서 다룰 것이다.

예기치 않은 기후 변화

약 1만 2000년 전, 북유럽과 북대서양에서는 오랜 빙기가 끝나고 따뜻한 환경에 서식하는 동물상이 돌아온 뒤 100년도 채 안 되어, 극적으로 빙기와 같은 기후 조건으로 되돌아간 일이 일어났다. 이 짧은 빙하기는 툰드라 기후에서 볼 수 있는 드라이어스, 즉 담자리꽃나무가 광범위하게 다시 나타난 데에서, 영거 드라이어스(Younger Dryas)로 일컬어진다. 이 기간은 비교적 따뜻하고 변동이 적은 홀로세가 정착하기 전, 약 500년 동안 지속되었다. 어떤 일이 일어난 것일까?

확실한 사실은 알지 못하지만 훌륭한 가설들은 존재한다. 소위 영거 드라이어스기의 기후 신호는 주로 지역적인 변화와 관련되어 있었다. 그 범위는 캐나다 북동부와 대부분의 유럽 지방을 포함한 북대서양 전역이다. 이 시기에는 수십 년 동안 극적인 생태학적 변화가 일어나, 이 지역 일대에 빙기와 같은 식물상과 동물상이 출현하게 되었다. 전 세계적으로 동시에 변화가 일어났음을 말해 주는 증거들이 있지만 그것들은 훨씬 덜 극적으로 보이며, 지질 시대의 이 시기에 해당하는 남극의 얼음 표본들에서도 그렇게 현저한 기후 변화가 나타나지 않는다. 북대서양 퇴적물의 플랑크톤 화석을 연구해 보면, 따뜻한 멕시코 만류의 위도가 남쪽으로 몇 도 이동했고, 심해 순환(대양의 컨베이어 벨트로 불리기도 한다.)의 전반적인 구조가 수십 년 만에 거의 빙기의 형태로 되돌아갔음을 알 수 있다. 이 모든 극적인 기후 변화를 한 사람의 일생 동안 관측할 수 있었던 것이다.

영거 드라이어스에 대한 가장 그럴듯한 가설은 담수가 북대서양으로 급격히 유입되었다는 것이다. 민물은 바닷물보다 훨씬 더 쉽게 얼기 때문에 담수의 급격한 유입으로 얼음층이 급속히 바다를 덮었다는 것이다. 이것이 사실이라면 약 1만 2000년 전 유럽에서 나타난 극적인 저온화를 설명할 수 있다. 그렇다면 이렇게 많은 양의 담수가 어디에서 흘러나왔을까? 컬럼비아 대학교의 지구화학자 월리스 브뢰커(Wallace Broecker)가 이에 대해 가장 타당하게 보이는 설명을 내놓았다.[18] 급속도로 따뜻해진 북아메리카 대륙의 빙하에서 녹은 물이 (지질학자들이 아가시 호라고 일컫는) 거대한 호수에 모여들었는데, 그 호수의 동쪽 제방을 이루는 것은 남아 있는 대륙빙이었다. 이 얼음댐이 부서지면서 얼음 녹은 물이 엄청나게 큰 '대못' 모양으로 세인트로렌스 계곡으로 쏟아져 내리면서 북대서양으로 흘러들게 되었다.

　　최근에 밝혀진 논란의 여지가 많은 연구 결과를 통해서 볼 때, 적어도 그린란드에서는 약 13만 년 전의 간빙기에도 온도(수십 년 동안 섭씨 5도 상승)와 이산화탄소가 극적으로 급변하는 현상이 여러 차례 일어났음을 알 수 있다.[19] 지금까지 이 시기는 대체로 조금 더(섭씨 2도) 따뜻했으며, 현재의 간빙기, 즉 홀로세에 버금가게 안정적이었다고 알려져 있었다. 13만 년 전의 급변 현상을 설명하는 가장 대중적인 가설은 북대서양 컨베이어 벨트 순환의 급변이다. 아직도 논란이 계속되고 있는 이러한 느닷없는 기후 변화는 다음과 같은 분명하고도 결정적인 질문을 낳는다. 현재의 기후 시스템에 온실 기체나 황 산화물 같은 인류에 의한 교란 원인이 가해질 경우, 오늘날에도 컨베이어 벨트 해류에 그처럼 급속한 변화가 일어날 수 있을까? 그리고 인류의 활동에 의한 섭씨 2도의 지구 온난화(앞으로 수십 년 안에 충분히 그럴 수 있다고 예상되는)가 과연 13만 년 전에 섭씨 2도 더 따뜻한 간빙기에 북대서양 지역에서 발생했을 수도 있는 예기치 못한 기후의 불안정 상태를 다시 유발할 수 있을까?

기후에 대한 인간의 급속한 강제로 인해 야기된 위험성을 평가할 수 있는 최선의 방법은, 모형과 오래된 자료를 비교해서 과거에 어떤 일이 일어났는지를 추정하는 것이다. 그리고 이것으로부터 심각한 사태가 다시 일어날 수 있는 가능성을 추정할 수 있다. 다시 말하지만 미래에 놀라운 사건이 일어날 가능성과 그 방식은 아직 확인되지 않은, 그러나 타당성 있는 분석에 근거한 추측이다. 하지만 어느날 갑자기 닥칠 기후 변화에 대한 전망은 전반적으로 너무 으스스한 것이기 때문에, 우리가 자연을 더 잘 이해하고 자연을 억지로 변화시키는 속도를 늦출 수 있는 행동을 하기를 매우 강하게 요구하고 있다(나의 가치관으로 보면 이 두 가지가 함께 이루어지면 더 좋을 것이다.).[20] 그 비용이 얼마나 들 것인지, 또 누가 지불해야 하는지에 대해서는 뒤에서 간단히 이야기할 것이다. 우선은 기후 변화가 인류의 다른 간섭 요인들과 더불어, 또는 그에 반하여 어떻게 작용할 것인지, 그리고 이러한 지구 규모의 변화가 자연의 생태계에 어떤 영향을 미칠 것인가를 생각해 보기로 하자.

5
생물 다양성과
새들의 투쟁

빙기의 중부 유럽, 그리고 미국 중부 대서양 연안 주(뉴욕, 뉴저지, 펜실베이니아의 3개 주, 또는 델라웨어와 메릴랜드를 포함한 5개 주를 말함. ─옮긴이)의 숲에서는 오늘날 볼 수 있는 참나무 종류나 단풍나무 같은 활엽수보다는 침엽수인 가문비나무들이 빽빽하게 살고 있었다. 사람들은 오랫동안 생물 종의 군집들이 얼음이 녹는 시기에는 만년빙의 뒤를 쫓아 북쪽으로 올라가고, 전 세계적으로 추위가 닥쳐오면 얼음보다 한발 앞서 남쪽으로 되돌아가는 단순한 전진과 후퇴를 되풀이했다고 믿고 있었다. 이런 견해는 찰스 다윈의 시대 이후로 널리 퍼져 있었다. 찰스 다윈은 모든 생물 종의 군집은 변화하는 기후와 함께 한 덩어리가 되어 이동한다고 생각했다. 『종의 기원(*The Origin of Species*)』에는 다음과 같이 씌어 있다.

> 북극형은 변화하는 기후에 따라 우선 남쪽으로 내려갔다가 다시
> 북쪽으로 올라갔으므로 오랜 이동 기간 동안 다양한 온도에 노출되
> 는 일은 없었을 것이다. 이들은 또한 모두 한 덩어리가 되어 이동했
> 으므로 상호 관계가 크게 교란되지는 않았을 것이다. 따라서 이 책
> 에서 되풀이하여 이야기하는 법칙에 따라, 이런 형들에는 변이가
> 많이 일어나지 않았다고 말할 수 있다.[1]

이런 식의 생각은 기후가 변화해도 생물의 다양성은 보존
된다고 안심시킨다. 생물 종이 함께 이동해서 살아남을 것이라
는 이야기다. 기후의 변화에 따라 이동하기만 하면, 이동 노선
에 자유롭게 참여할 수 있는 모든 종은 이동을 통해서 기후 변
화에 순응할 것이고, 그 결과 생물 다양성은 거의 손실을 입지
않을 것이다. 즉 멸종되지 않을 것이다.

그러나 최근 들어 지구의 토양과 퇴적물에서 찾아낸 자료
에 비추어 볼 때, 군집 이동에 대한 이러한 예상은 빗나간 것임
을 알 수 있다. 미네소타 대학교의 생태학자 마거릿 데이비스

(Margaret Davis)는 기후가 따뜻해지는 것에 따라 각각의 종은 제각
기 다르게 반응한다는 의견을 처음으로 주장했다.[2] 그 뒤 '홀로
세 지도 제작 공동 프로젝트(COHMAP)'라는 과학자들의 컨소시엄
에서는 마지막 빙기가 한창 맹위를 떨칠 때로 거슬러 올라가 다
양한 식물들의 꽃가루 화석을 조사했다. 그들은 만년설이 녹자
가문비나무나 참나무 같은 종이 얼음을 쫓아 북쪽으로 이동한
것은 사실이지만, 다윈이나 대부분의 생태학자들이 상상하는
것처럼 아무런 영향도 받지 않은 채 온전한 군집을 이루어 행진
한 것은 아님을 알아냈다. 그 대신 COHMAP의 과학자들은 빙
기에서 간빙기로 바뀌는 동안 여러 생물 종이 제각기 다른 속도
로, 심지어는 제각기 다른 방향으로 움직였다는 사실을 발견했
다. 이동하는 동안 갖가지 나무와 풀의 구성은 매우 특이하거나
생소한 것으로 바뀌었다. 따라서 나무들은 이동했지만 이전의
숲은 사라져 버렸다고 말할 수 있을 것이다. 이런 것들을 가리
켜, 오늘날에는 찾아볼 수 없다는 뜻에서 '비슷한 것이 없는 서
식지(no-analog habitat)'라고 한다.[3] 이런 생태학적 재배열은 최근
에 일어난 멸종 사건의 한 원인이 되었을 수도 있다. 지난 빙기
말에 매머드와 검치호 같은 육상 동물들이 사라진 일이 바로 그

것이다.

또한 일리노이 주 주립 박물관의 러셀 그레이엄은 약 5,000년 전부터 1만 5000년 전까지 빙하의 후퇴에 반응한 작은 포유류들에 대해 이와 같은 '비슷한 것이 없는 서식지'를 발견했다.[3] 그의 발견 역시 다윈의 이론과 모순되는 것이다. 이런 발견은 기후 변화에 직면하면 생물들이 이동해 생물 다양성을 보존할 수 있었다고 자신만만하게 주장하던 사람들을 동요시켰다. 왜냐하면 식물과 동물의 정상적인 결합은 기후에 의해 유발된 변화를 겪는 동안 붕괴될 수 있다는 것을 보여 주기 때문이다. 심지어 상대적으로 완만하게 기후가 변하는 경우에도 이런 일이 벌어진다(2장과 그림 4로부터 빙기에서 간빙기까지 지구 온도 변화의 일관된 평균 속도가 1000만 년에 대해 약 섭씨 1도에 불과했다는 사실을 기억하라.).

다시 말해서 안정적인 것처럼 보이는 생태계의 포식자와 피식자의 관계, 그리고 다른 경쟁적 메커니즘을 포함한 '대자연의 균형'은 기후가 변화하는 동안 심각하게 붕괴될 수 있다는 것이다.[5] 기후 변화가 서로 다른 종을 서로 다른 속도로 반응하게 하여 생물학적 군집의 구조를 바꿀 수 있기 때문이다. 따라서 어떤 생태학자들은 급속한 기후 변화로 인해 야기된 생물학적 군집의 분해가 종의 멸종 속도를 한층 더 가속할 수 있었을 것이라고 우려한다(20세기의 온도 상승은 이러한 급격한 변화를 야기할 수 있다.). 그들은 서식지의 파괴, 화학 오염, 외래종의 도입 등으로 현재의 멸종 속도가 이미 빨라졌다고 믿고 있다.

미시간 대학교의 생태학자 테리 루트(Terry Root)는 미국에서 월동하는 새들의 분포를 연구하면서, 그것이 온도나 식생 패턴과 같은 광범위한 환경 변수와 어떤 상관 관계가 있는지를 조사했다. 그 결과 그림 6에 나타나 있는 것처럼 동부산적딱새(phoebe)의 경우 겨울철의 서식 구역 북방 한계선이 1월의 평균 최저 온도와 밀접한 관련이 있다는 것을 발견할 수 있었다. 그러나 새의 경우는 기후 변화에 따라 매우 신속하게 이동할 수 있다.[6] 이 사실은 지구의 변화가 이렇게 쉽게 움직일 수 있는 종과는 관계가 없을 수도 있음을 뜻하는 것은 아닐까?

루트는 북아메리카 대륙에서 월동하는 많은 종의 새들이 온도와 식물상 모두와 관계를 맺고 있음을 발견했다. 생리학적 내성을 전제로 하는 경우, 온도는 새들의 북방 한계선을 결정하는 일이 많다. 한편 새들에게는 먹이나 은신처, 둥지를 위해 특수한 식물상이 필요하다. 루트는 여기서 한발 더 나아가, 오직

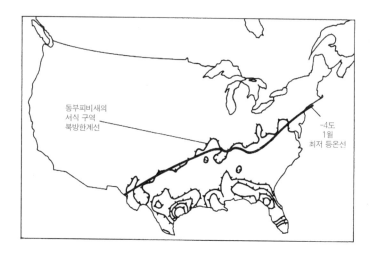

그림 6

겨울철, 동부산적딱새의 평균적인 북방한계선은 1월 평균 최저온도(밤)를 나타내는 선과 매우 밀접한 관계가 있다. 테리 루트는 북아메리카 대륙에서 겨울을 나는 다른 많은 새들의 분포 구역도 기후 요인의 제한을 받는다는 사실을 발견했다. 루트는 현재 예상되는 21세기의 기후 변화는 현재의 새의 군집에 중대한 변화를 일으킬 수 있다고 주장한다.

저온에 의해서만 생리적으로 강제되는 새들은 날씨가 따뜻해지면 북쪽으로 이동할 수 있었지만, 서식지(예를 들어 식물상)의 제약까지 받는 새들은 대기 중의 이산화탄소 증가로 달라진 기후와 광합성 반응에 자신들이 필요로 하는 식물이 적응하기까지 수백 년을 기다리다가(가능하다면) 이동했을 수도 있다고 지적했다.

그동안에는 생태학적 군집 구조의 분열, 즉 포식자와 피식자 사이의 상호 작용에 변화가 일어나기 쉽다. 또한 기후가 적게는 섭씨 1도에서 많게는 섭씨 10도까지 따뜻해지면 갖가지 생물 종들이 기후와 이산화탄소 두 가지 모두의 변화에 개별적으로 반응하는 데 소요되는 수백 년의 세월이 흐르는 동안 생태계가 혼란에 빠질 가능성도 있다. 이와 같은 자연계 균형의 붕괴는, 특히 서식지가 제한되어 있고 기후라는 변수와 밀접한 연관을 갖는 생물 종들의 멸종을 가속화했을 것이다.

오늘날 대부분의 생물 종이 수천 년에 걸쳐 일정한 기후와 이산화탄소 농도에 적응해 왔다고 해도, 그것들이 분포하는 구역의 한계선과 수도(數度, 일정한 조사 면적 내의 종류별 개체수—옮긴이)를 설명하려는 것은 이미 얕잡아볼 수 없는 과학 문제다. 만일 지구 온난화가 일반적으로 추정되는 속도대로, 또는 더 빠른 속도로 일어난다면, 생태계의 혼란으로 인해 생물 종 군집의 분열 또는 심지어 현재 이루어져 있는 생태계의 교란이 일어날 수도 있으리라고 우려할 만하다.

군집에 누가 있든 무슨 상관인가?

나는 얼마 전, 졸업한 지 30년 만에 고등학교 동창회에 참석했다. 30년이 지나는 동안 머리가 희끗해지고 얼굴에 주름도 지고 (운이 좋다면) 원숙하고 성숙해졌을 수백 명의 옛 동창들을 만날 기대로 가슴이 설레기도 했다. 어떤 동창은 몰라볼 정도로 달라졌고 또 별로 변하지 않은 동창들도 있었다. 이들을 보고는 그리 놀라지 않았다. 내가 정말 놀랐던 것은 졸업 앨범을 가까이 두고도 내가 기억할 수 있는 사람들이 얼마나 적은가를 깨달은 사실이었다. 여섯 명의 옛 친구와 안면이 있는 열두 명은 기억이 났지만, 수백 명의 다른 사람들은 전혀 기억이 나지 않았다. 그때 문득 대답할 수 없는 하나의 질문이 머리에 떠올랐다. 내가 이 동창생들보다 한 학년 위였거나 아래였다면, 오늘날의 나는 아주 달라졌을까? 우리는 서로를 변화시키는 집단 정체성을 가진 상호 작용하는 사람들의 모임일까, 아니면 전혀 다른 학생들과 함께 있다고 해도 그 기능(이 경우는 고등학교 교육)이 크게 달라지지 않을 그런 개인의 마구잡이 모임일까? 생태계의 기능에서 중요한 것은 하나의 생물 군집에 포함된 특정한 종(種)

일까, 아니면 일정한 종류의 과(科)만으로도 충분할까? 한 종의
나무들이 사라지고 다른 종이 그 자리를 차지한다면, 그 군집은
근본적으로 다른 것일까?

하나의 생물 군집 내에서의 종의 역할이라는 개념은 또 다
른 개념, 즉 생태계 서비스라는 개념으로 이어진다. 이 두 가지
개념은 다소 논란의 여지가 있는 것들이다. 생태계는 서로에게,
그리고 물리적·화학적 환경에 영향을 미치며 살아가는, 서로
다른 여러 생물 종으로 이뤄진 군집으로 정의할 수 있다.

한 생태계의 크기는, 고려에 넣은 특정한 시스템과 시간 틀
에 따라, 물방울 속에 있는 미생물의 군집에서 전 세계까지 다
양하다. 한 생태계의 기능은 많은 상호 작용을 낳고, 이로 인해
시간이 지남에 따라 '대자연의 균형(balance of nature)'이라는 상
태에 이른다. 그러나 오늘날에는 이런 정적인 견해를 고수하는
생태학자들은 거의 없다. 이보다는 수많은 생물 종들의 개체수
가 끊임없이 변화하고, 오랜 세월을 거쳐 온 생물 종이 멸종하
고 새로 진화한 종들이 그것을 대체하는 동적인 평형을 설명하
는 '대자연의 유전(flux of nature)'이라는 말이 더 자주 사용된다.
그러나 어떻게든 생태계 서비스는 그대로 유지된다. 이런 서비

스의 예를 몇 가지 들어보면 1차 생산(광합성, 산소의 생산, 공기 중의 이산화탄소를 제거하고 그것을 식물의 재료로 고정하는 일. 이는 먹이 사슬의 기반이 된다.), 노폐물의 재이용(엄청나게 많은 분해자들에 의해 이루어진다.), 홍수 조절(나무가 무성한 산비탈은 벌거숭이 산허리에 비해 흘러내리는 빗물의 양을 매우 많이 감소시킨다.), 유전자 자원의 유지(잠재적 식량이나 의약품의 원재료가 된다.), 그리고 물의 정화 등이 있다. 생물 다양성을 감소시킬 것으로 보이는 인류의 활동이 생태계의 이런 기능까지 위협하고 있는지, 그리고 그것이 사실이라면 사람들이 자연계에서 무상으로 제공되는 이런 서비스를 지속적이고 적절한 과학기술적 인공물로 대체할 수 있는가에는 논란의 여지가 있다.

나는 생물학적 군집의 개념도 역시 논쟁의 여지가 있다고 했다. 어떤 특정 장소를 차지하고 있으면서 대부분의 경우 서로 영향을 미치는 여러 종의 개체군이 생물학적 군집을 정의한다는 것을 부인할 사람은 아무도 없다. 논쟁의 초점은 오히려 그 특수한 종의 집합이, 대체되는 다른 개체군이나 생물 종이 대신하지 못할 어떤 독특한 속성이나 기능을 갖고 있는가 하는 점이다.

여기에는 서로 양극단에서 대립하는 두 가지 이론이 있다. (1) 생물 종들의 군집은 독특한 내용이나 속성을 갖고 있는 개

아니라 무작위적인 연합체에 불과하다. (2) 생물 종들의 상호
작용은 너무 밀접하게 결합되어 있어서, 전체로서의 군집은 어
느 한 종에 대한 교란으로 인해 집단적으로 와해될 수 있는 부
분들보다 중요하다. 대부분의 생태학자들은 양극단의 중간쯤을
가장 일반적이라고 생각하지만, 자연계에서는 양극단의 예도
확인할 수 있다. 어떤 군집의 모든 종이 기능적으로 똑같이 중
요한 역할을 하는 것은 아니다. 어떤 종들은 군집의 다른 일원
들에게 거의 아무런 영향도 끼치지 않으면서 개체군의 크기를
키우거나 줄이는 반면에, 중심 종(keystone species)이라고 하는 것
들은 군집의 구성에서 매우 중요한 역할을 수행한다.

　　중심 종 위기의 유명한 사례로는, 모피 사냥꾼들의 마구잡
이 사냥으로 미국 서해안의 해달이 거의 멸종 직전까지 갔던 일
을 들 수 있다. 해달이 감소한 뒤 미국 서해안 앞바다의 해양 군
집에는 커다란 교란 현상이 나타났다. 평소 해달이 즐겨 먹는
먹이인 성게의 수가 급격히 증가하면서, 울창하게 자라던 켈프
(다시마 종류의 대형 갈조류―옮긴이)들이 사라졌고, 이에 따라 해안
선을 따라 바다 밑에 생물학적으로 불모가 된 사막이 펼쳐진 것
이다. 이런 것을 가리켜 성게의 불모지라고 한다. 처음 상태대

로 해달을 회복시켜야 한다는 정치적 압력이 성공을 거둔 뒤에야 비로소 성게 개체군이 감소하면서 켈프가 다시 자라고, 물고기와 오징어 그리고 보다 작은 생물들의 새로운 군집이 재건될 수 있었다.

이와 비슷한 다른 일들도 많다. 미국 서부에서 가축을 보호하기 위해 늑대를 모두 잡았더니 코요테의 수가 불어났고, 이에 따라 코요테 억제 계획을 실시한 결과, 여우가 폭발적으로 늘어나면서 물새를 위협한 일이 그 한 예다. 이런 일은 늑대를 다시 도입하자는 논쟁의 여지가 있는 제안을 이끌어 내게 되었다.

자연계에서 직접 실험을 해 보기 전까지는, 어떤 특별한 군집이 허술한 결합을 이루고 있는지, 아니면 밀접하게 맺어져 있는지가 명확하게 드러나지 않는 경우가 많다. 하물며 그 군집의 중심 종이 무엇인지, 또는 결정적인 개체군 역치(閾値)라는 것이 있는지의 여부는 더 말할 필요도 없다. 개체군 역치란 어떤 개체군이 쉽게 멸종하지 않을 수 있는 최소한의 수준을 말한다. 개체군 역치 밑으로 떨어진 개체군은 멸종하기 쉽고, 전체 군집은 오랫동안 그 파급 효과에 시달릴 것이다. 보전생물학자들은 개체군의 최소 크기와 서식 지역에 대한 개략적인 법칙을 만들었다. 개체군의 최소 크기와 서식 지역에 미치지 못하면 멸종이 일어날 것이다. 이러한 공식은 또한 인류의 활동, 그중에서도 특히 삼림 벌채가 앞으로 생물 다양성을 어떻게 감소시킬 것인가를 예측하는 데 사용되었다. 이들은 이런 예측 결과를 근거로 해서, 몇몇 서식지의 파괴(특수한 집단에 경제적 이익을 안겨 줄 수 있는 토지 이용)를 늦추라고 요구해 왔고, 그 결과 이런 공식 자체가 비난을 받기도 했다. 종의 손실을 삼림 벌채와 같은 지구 변화의 결과라고 추정하는 근거를 좀 더 자세히 살펴보도록 하자.

섬 생물지리학:생물 다양성을 점치는 수정 구슬?

거대한 지역에 대해서는 툰드라, 북방 침엽수림대, 사막, 초원 지대, 또는 열대 우림과 같은 생물 분포대로 그 특징을 나타내는 경우가 많다. 이런 바이옴(biome, 강수량과 기온 같은 기후 조건에 따라 구분된 일정한 지역에 사는 생물 군집의 단위—옮긴이), 즉 생물 군계는 적절한 기후 조건을 나타내는 세계 각 지역에서 되풀이해서 나타난다. 예를 들어 툰드라는 추운 고지대나 고위도 지방에

서, 그리고 활엽수의 우림은 날씨가 무덥고 습한 곳에 나타난
다. 테리 루트가 발견한 1월의 야간 온도와 북아메리카 대륙에
서 월동하는 많은 새들의 서식 구역 북방 한계선 사이에서 볼
수 있는 관련성은, 밤이 점점 더 길고 추워지는 곳에서 새들이
겪게 되는 생리적인 강제의 결과로 나타난다고 볼 수 있다. 이
경우 새들은 지방을 에너지원으로 사용해서, 밤새도록 문자 그
대로 몸이 덜덜 떨릴 정도로 물질 대사 속도를 높여야 한다. 이
는 하룻밤 사이에 제 몸집의 10퍼센트를 잃는 일과 같다! 이튿
날이 되면 그 것을 보충해야 하는데, 그럴 수 없다면 이 새들은
더 남쪽으로 내려가 살거나 죽을 수밖에 없을 것이다.

　　마찬가지로 다양한 바이옴에 서식하는 식물들도 생리적 특
징을 갖고 있고, 따라서 일정한 지리와 기후를 특징으로 하는
지역에서만 나타나게 된다. 기후처럼 광범위한 요인과 종의 분
포나 생물 분포대 사이의 관계를 가리켜 생물지리학적 결합이
라 한다.

　　종의 분포를 연구하는 생물지리학에 영향을 미치는 또 다
른 요인은 서식지의 크기 또는 서식지 사이의 거리다. 어느 지
역의 생물학적 다양성(종의 수)을 그곳의 기후, 크기, 다른 지역

으로부터의 격리 정도와 관련짓는 생물지리학의 법칙은 여러 섬에 대한 연구를 통해 밝혀졌다. 화산 활동을 통해 새롭게 형성된 섬은 생물이 없는 상태에서 시작되지만, 식물이나 동물이 바람에 실려 도착함에 따라(또는 1980년대에 커다란 피해를 준 얼룩무늬 홍합(zebra mussel)이 유럽에서 북아메리카의 해역을 침범했을 때처럼 배 밑바닥에 무임 승차해서 유입된다.), 오래지 않아 생물들이 서식하게 된다.

새롭게 유입될 수 있는 생물 종들이 살고 있는 곳(대륙 등)과 섬이 가까이 붙어 있을수록 이주 여행은 무사히 끝나기 쉽고, 이에 따라 그런 섬에는 더 많은 종이 살게 된다. 이를 가리켜 '거리 효과'라고 한다. 그리고 섬이 크면 클수록, 다양한 생물 종이 살아가기 위한 장소나 생태학적 지위의 수가 많아진다. 공간이 더 넓으면 더 많은 개체들이 살 수 있고, 따라서 더 많은 생물 종들이 장기간의 생존을 위한 최소한의 역치를 넘어서는 크기의 개체군을 가질 수 있게 된다. 이런 메커니즘이 결합해서 '지역 효과'를 이룬다. 다시 말해 섬이 클수록 생물 종의 수가 더 많아질 수 있다는 것이다. 결국 기후 변화, 화재, 불도저 등의 (생태학자들이 '교란'이라고 부르는) 모든 외적 요인이 일정하게 유지된다면, 섬에서의 종의 멸종 속도와 외부로부터의 새로운 종의 유입이 균형을 이루는 동적 평형에 도달하게 된다. 동적 평형에서 동적이라는 것은 시간이 흐름에 따라 종의 명단이 바뀐다는 뜻이며, 평형이라는 측면은 이런 상황에서 생물 다양성이 거의 같은 수준으로 유지된다는 뜻이다.

1963년 로버트 맥아더(Robert MacArthur)와 에드워드 윌슨은 이런 개념과 여러 자료를 이용하여, 삼림 벌채와 같은 지구 변화를 일으키는 활동들이 생물 다양성을 어떻게 감소시킬 수 있는가를 예측하는 데 현재 주요 도구가 되고 있는 이론을 만들었다. '섬 생물지리학 이론'으로 알려진 이 관계는, 생물과 기후가 공진화한 40억 년에 걸친 지구의 자연사에 인류가 끼친 영향과 깊은 관계가 있다. 이 이론은 자연에 대한 인간의 공격을 늦추어야 한다고 주장하는 생태학자들과 개발을 원하는 이익 집단 사이에 격렬한 대립을 불러일으켰다. 개발을 원하는 이익 집단은 이 이론이 비인간적 자연의 가치를 상대적으로 과장했다고 공격했다. 하버드 대학교의 에드워드 윌슨은 자신의 퓰리처 상 수상 저서인 『생명의 다양성(*Diversity of Life*)』에서 이 이론을 어떻게 만들어 냈는가에 대해 다음과 같이 이야기하고 있다.

우리는 세계 곳곳에 있는 여러 섬의 동물상과 식물상을 살펴보고 그 섬들의 면적과 그곳에 살고 있는 생물 종의 수 사이에 일정한 관계가 있음을 깨달을 수 있었다. 섬의 면적이 클수록 생물 종의 수가 더 많았던 것이다. 쿠바 섬에는 자메이카 섬보다 많은 종류의 조류와 파충류, 식물, 그리고 다른 생물들이 살고 있으며, 자메이카 섬은 앤티가 섬보다 더 큰 식물상과 동물상을 갖고 있다. 이런 관계는 영국 제도에서 서인도 제도, 갈라파고스 제도, 하와이, 말레이 군도와 서태평양에 이르기까지 거의 모든 곳에서 뚜렷이 나타났으며, 일관된 산술 법칙을 따르고 있었다. 즉 면적이 10배 늘어날 때마다 생물 종(조류, 파충류, 풀)의 수가 거의 2배가 된다는 것이다. 세계의 육상 조류를 예로 들어보자. 면적이 1,000제곱킬로미터인 섬에는 평균 50여 종의 육지 새들이 살고 있고, 1만 제곱킬로미터인 섬에는 그 2배인 100여 종이 살고 있다. 좀 더 정확히 표현하면, 생물 종의 수는 면적과 종의 관계 방정식, $S = CA^z$에 따라 증가한다. 여기에서 A는 면적이고, S는 종의 수, C는 상수, 그리고 지수 z는 생물 집단(조류, 파충류, 풀)에 따라 변하는 생물학적으로 관계가 있는 두 번째 상수다. z의 값은 인도네시아의 경우처럼 섬들이 본토에 근접해 있는지, 아니면 태평양 동부 해상의 하와이 제도나 다른 제도들

처럼 상당히 멀리 떨어져 있는지에 따라서도 달라진다.[5]

이 이론이 발표되고 나서 30년 동안, UCLA의 제러드 다이아몬드(Jared Diamond) 같은 생태학자들은 수십 개의 다양한 크기의 서식지에 대해 수십 번에 걸쳐 이런 관계를 실험하고 또 실험했다. 그 결과 z값에서의 약간의 변동을 제외하고는 거의 모든 경우에 대해 기본 공식을 확인할 수 있었다.

윌슨과 다른 생태학자들은 종과 면적의 관계 공식을 적용해서, 앞으로 수십 년 내에 개발로 인해 숲이 우거진 섬들이 감소할 경우, 사라져 버릴(멸종할) 종들의 백분율을 추정했다. 윌슨은 다음과 같이 설명하고 있다.

면적이 줄어들면, 멸종률이 상승하여 원래의 배경 수준보다 높아지고, 결국에는 더 높은 평형에서 더 낮은 평형 상태로 종의 수가 감소하고 만다. 그 결과를 즉시 분명하게 밝히면, 어림잡아 면적이 원래 크기의 10분의 1로 줄어들면 종의 수도 그 절반으로 줄어든다는 것이다. 그리고 사실상 이는 자연계에서 자주 마주쳤던 수에 가깝다.

만일 2022년까지 지금과 같은 속도로 열대 우림이 계속 파괴된다면, 현재 남아 있는 열대 우림의 절반가량이 사라질 것이다. 이로인한 생물 종의 전체적인 멸종률은 10퍼센트와 22퍼센트 사이에 놓일 것이다.

섬의 생물지리학 이론을 이용한 윌슨의 예상에 따른다면 해마다 얼마나 많은 수의 생물 종이 멸종할까? 이를 추정하기 위해서는 우선 지구에 얼마나 많은 종이 있는지, 과거에 비해 현재 얼마나 많은 종이 멸종되고 있는지, 그리고 다양한 군집에 대해서 그 안의 여러 종들이 얼마나 중요한지를 추정해야만 한다. 옥스퍼드 대학교의 생태학자(영국 수상의 과학 자문 위원을 역임하기도 했다.) 로버트 메이(Robert M. May)는 오랫동안 이런 질문들에 대한 답을 구하기 위해 노력해 왔다.

과거의 지식에 깊이 뿌리내리고 있는 잘못 이해된 전제들로 인해, 이 질문에 대한 답을 구하는 일에는 놀랍게도 거의 아무런 진척이 없었다. 지구에 살고 있는 생물의 다양성을 기록하는, 사실에 입각한 단순한 작업의 출발점으로 볼 수 있는 린네의 표준판 저서가 나온 것이 1758년이었다. 이는 뉴턴이 행성 운동과 별의 목록에 대한 몇 세기에 걸친 기록을 근거로 해서, 중력의 법칙에 대한 분석적이고 예언적인 이해 방식을 제시하고도, 거의 한 세기가 지난 뒤의 일이었다. 뉴턴과 린네 사이의 이런 시간 지연을 통해 상징적으로 드러난 유산은, 지금도 여전히 우리와 함께한다. 그리고 오늘날 우리는 지구의 생물들에 대한 생물분류학과 계통분류학보다는 별들의 분류법과 계통학에 대해 더 많이 알고 있다(그리고 훨씬 더 많은 돈을 쓰고 있다.). 우리는 현재 지구에서 우리와 함께 살고 있는 동식물 종의 수보다, 우주에 있는 원자들의 수(상상할 수 없는 추상적인 개념)를 더 잘 추정한다.[2]

생태학자들은 지금도 자연의 다양성을 조사하자고 간절히 외치고 있지만, (또한 몇몇 정치가들과 토지 소유자들, 즉 자신의 사유지에 얼마나 많은 종이 서식하고 있는지 알고 싶지 않은 사람들이 마찬가지의 열정으로 지구의 생물학적 자원에 대한 목록을 작성하려는 정부의 노력에 재원을 조달하지 않으려고 했음에도 불구하고) 과학자들은 이미 생물 다양성에 대해 훌륭한 추정치를 가지고 있다. 윌슨에 따르면 열대 우림 하나에만도 어림잡아 1000만 종이 살고 있다고 한다. 현재 삼림의 파괴율이 매년 1퍼센트 이상 커지고 있다는 점을 근거로, 섬 생물지리학 이론에서 나온 종과 면적의 관계 공식을 적용하여, 윌슨은 매년 7만 7000종, 매일 24종, 1시간에 3종이 멸종되어 사라진다는 "낙관적인 추정"을 하고 있다. 그 비율은 현존하는 100만 종에 대해 해마다 1종이 사라지는 정도도. 이에 따라 그는 "인류의 활동이 열대 우림에서는 면적의 감소 한 가지만으로도 멸종 속도를 이 수준의 1,000배에서 1만 배까지 증가시킨다. 우리는 분명 지질학적 역사에서 급작스러운 대멸종의 한가운데에 있다."라고 단언한다.

이 생태학자들의 추정이 가진 엄청난 의미는 (그것들을 다른 지구 변화의 교란 현상들과 결부시키지 않더라도) 자명하다. 단 하나의 종이 자신의 수를 늘리고 경제 수준을 높이는 데 경도되어, 이렇게 무의식적이고 무관심한 행성 규모의 대학살을 계속해도 되는가? 오히려 인류는 높은 지적 능력을 이용하여 자신들이 가고 있는 길을 잠시 멈추도록 자각하고 추론하고, 인류의 행동이 낳을 잠재적인 결과를 평가하고, 인류가 전체적으로 덜 파괴적일 수 있도록 하고, 비록 이에 대한 대중의 정치적 지지가 없다고 해도 인류의 수적·경제적 성장을 다른 어떤 가치들보다 우위에 두고 있는 지구 규모의 가치 체계를 재고해야 마땅하지 않을까? 어떤 경제적 이해 관계나 세계관에서는 이런 이야기들이 뜻하는 바가 매우 중요한 의미를 갖는다. 자연의 보존보다 인류의 발전에 더 높은 도덕적 가치를 두는 우리 문명 전반의 경향을 전제로 한다면, 사업 중심적, 인간 중심적 가치에 만족하고 있는 사람들이, 인류가 야기한 생물의 멸종 위기를 애타게 이야기하는 사람들의 과학과 가치관의 신용을 떨어뜨리기 위해 전력을 다한다고 해도 그리 놀랄 일은 아니다.

자료 지향적인 경제학자들 vs. 이론 지향적인 생태학자들

과장된 정형화와 다소 잘못된 이분법을 만들어 낼 위험을 각오해야 하겠지만, 동양 철학의 음양설을 빌려 온다면, 직접적으로 봤을 때 생태학자들이 양(陽)이라고 한다면 음(陰)은 전통적인 자유주의 경제학자들이라고 볼 수 있다. 후자는 대개 이론보다는 과거의 자료가 앞날을 예측하는 기초가 된다고 주장한다. 제네바 대학교의 자연철학자 자크 그리네발드(Jacques Grinevald)는 나에게 이렇게 말한 적이 있다. "자료 지향적인 경제학자들은 실제로 현대 경제학 전문직의 한 사회적 구성 부분인데, 그들의 전통은 매우 이론 지향적인 사회과학이다." 그들의 직업이 어떻게 발전해 왔든 관계없이 이처럼 자료 지향적인 분석가들은 자료가 빈약한 이론은 모두 멸시한다. 물론 변화의 원인에 대해 고심하는 생태학자들도 자료를 이용하기는 하지만, 그것은 이론을 개발하고 실험하기 위해서다. 그들은 이론을 이용해서 변화를 예측한다.

하지만 과거의 자료에서 추출한 어떤 법칙이 미래에 작용할 수 있는 메커니즘을 적절히 반영하는 것이 아니라 오히려 과거의 주요 메커니즘만을 반영하는 단순한 추정에 불과하다면, 이 법칙의 예언적 기능은 의심스러울 수밖에 없다. 이는 미래의 상황이 과거와는 현저하게 다를 것으로 보일 때, 예를 들어 사상 유례가 없는 지구 변화의 교란 현상들을 겪을 때 특히 그러하다. 그렇다면 과거의 반응에 대한 자료로 가득 차 있는 도서관이라고 해도 앞으로 펼쳐질 미래에 대해서는 불충분한 통찰력뿐인 법칙을 만들게 될 것이다. 예측하는 데 이용한 법칙들이 과거와는 현저히 다른 상황에서도 작용할 수 있는 메커니즘을 나타내지 않는다면 말이다.

모든 분별 있는 생태학자들은 비록 부아가 치밀기는 하지만, 생물 종의 수와 현재의 멸종 속도가 어느 정도 불확실하다는 것을 인정하고 있으며, 이런 자료 부족 문제를 해결할 수도 있는 조사 활동에 대한 대중의 지지가 부족하다는 것을 알아차리고 한없이 실망한다. 하지만 모든 선량한 과학자들은 미래를 예측하기 위해서는 원인이 되는 메커니즘을 포함하거나 최소한 나타내기라도 하는 시스템의 작용 법칙이 필요하다는 것을 알고 있다. 대개의 사람들은 자료 지향적인 경제학자들과 함께, 최대한 그 시스템의 과거 반응에 근거해서 이런 법칙을 이끌어 내고 시험해야 한다는 데 동의할 것이다.

미국 메릴랜드 대학교의 경영학 교수인 줄리언 사이먼(Julian Simon)이 이끄는 이론 기반 접근법에 대한 반대자들은 개인의 독창성과 경제 성장을 위협할 수 있는 생물 다양성의 위기 예측이 갖는 의미가 달갑지 않다. 그들은 섬 생물지리학을 엄청난 결함을 가진 이론이라며 대놓고 비난하고 있으며, 종과 면적의 관계 곡선에 근거한 추론은 모두 오점 투성이라고 주장한다. 그들은 19세기 동안 북아메리카 대륙의 동부 지방에서 대규모로 삼림의 크기가 줄어든 일을 지적하면서 섬 생물지리학 이론과 종과

면적의 관계 공식을 적용하면, 그 지역에 서식하는 200여 종이
넘는 텃새의 상당수가 이 기간 동안이나 그 후에 멸종되었어야
한다고 주장한다.[10]

멍청한 생각?

테네시 대학교의 생태학자 스튜어트 핌(Stuart Pimm)과 코네티
컷 대학의 로버트 애스킨스(Robert Askins)는 섬 생물지리학 이론
그 자체를 이용해서 이 이론을 받아치려는 비평가들의 시도를,
미국 북동부 새의 멸종 상황을 무기로 삼아 상세히 분석했다.[11]
핌과 애스킨스는 우선 북아메리카 대륙 동부에 서식하는 220종
의 텃새들을 모두 다 이용할 수는 없다고 말한다. 이들 중 약
160종만이 동부의 삼림 지대에 살고 있으며, 나머지는 초원 지
대, 늪지대, 그리고 다른 광활한 서식지에 살고 있기 때문이다.
두 번째 문제는 숲의 나무들을 얼마나 많이 베어 냈으며, 종과
면적의 관계 공식을 어떤 부분에 적용하는 것이 타당한가 하는
점이다. 그들은 삼림 벌채가 16세기부터 동부 해안의 내륙을 따
라 미시시피 강을 향해 이동하는 물결처럼 시작되었으며, 도끼

와 톱에 손상되지 않은 삼림 지역은 거의 없었다고 말한다. 핌과 애스킨스는 비평가들이 한 것처럼 종과 면적의 관계 공식을 300년에 걸쳐 개간된 삼림의 총량에 적용하는 것은 전혀 온당치 못하다고 주장한다. 그것은 과거의 자료에서 이런 공식을 이끌어 낸 방식이 아니기 때문이다.

나무들을 베어 내고 그 목재를 서부로 옮길 때, 벌채된 땅을 모두 개간한 것은 아니었다. 여러 곳에서 다시 초목이 자라났다. 이와 동시에 나무를 베어 낸 토지에서 내몰릴 수밖에 없었던 야생 조류들은 남아 있는 삼림지로 날아들었다. 또 야생 조류들은 20세기에 들어와서는 벌목되고 버려진 뒤 초목이 새롭게 자란 고립된 삼림지에 이전처럼 다시 자리 잡았다. 다시 말해 "19세기 말과 20세기 초의 삼림 벌채가 최고조에 달했던 시기에도, 삼림의 새들에게 서식지를 제공한 거대한 삼림 피난처가 있었던 것이다. 1920년 이후 북동부와 남부에서는 낙엽수로 이루어진 숲이 꾸준히 커지는 추세를 보였다."

이 이야기는 생태학자처럼 굴려다 실패한 사회과학자들의 시도를 비난하는 것이 아니라, 오히려 훨씬 근본적인 지적 이해의 문제를 제기하고 있다. 동부 삼림지에서 일어난 멸종 건수가 적었음을 지적한 비평가들은, 자신도 알지 못하는 사이에 이 세상에서 생물 종이 영원히 사라지는 세계적인 멸종에 관해 언급하고 있는 것이다. 생태학적인 '섬' 이론은 전 세계를 대상으로 하는 것이 아니라 특정한 섬이나 서식지에 대한 것이다. 그것은 세계적인 멸종이 아니라 '지역적인 멸종'을 예보한다. 따라서 핌과 애스킨스는 다음과 같이 말한다.

미국의 동부 삼림지가 모두 개간된다고 해도 이 160종의 새들 대부분은 전 세계적으로 멸종하지는 않을 것이다. 많은 생물 종들이 상당히 널리 분포하고 있으므로, 가령 상대적으로 교란되지 않은 캐나다의 북방 침엽수림대 같은 곳에 분포한 것들은 다른 지역의 삼림이 훼손되어도 자신들을 안전하게 보호할 수 있다. 160여 종 중에서도 몇 종은 분포 범위가 너무 광범위해서 북아메리카, 유럽, 아시아 대륙에 있는 삼림의 나무들을 모두 벌채한다고 해도 전 세계적으로 멸종되는 일은 일어나지 않을 것이다. 핵심적인 차이는 세계적인 멸종과 지역적인 멸종에 있는 것이다.

이 문제를 바로잡기 위해서는 그 이론을 이끌어 낸 수준,

즉 지역에 국한해서 그것을 적용해야만 한다. 따라서 '오로지' 북동부에 서식하는 새들, 즉 그 지방의 고유종들만 종과 면적의 관계 공식을 이용해서 연구하는 것이 타당하다. 핌과 애스킨스는 이미 알려진 멸종한 4종을 더하면, 이들이 멸종하기 전 동부 삼림의 고유종 새들은 13~28종으로 추정된다는 결론을 얻었다. "추정 가능한 멸종률은, 동부의 삼림 조류를 엄밀히 지정하는 경우인 4/13=31퍼센트에서부터, 서식지의 75퍼센트가 동부 삼림지인 열 몇 종까지를 모두 더한 4/28=14퍼센트에 이른다고 볼 수 있다."

과학 공식을 올바르게 적용하고 시험하기 위해서는 자료 그 자체가 아니라 적절한 자료가 필요하다는 점을 명심해야 한다. 비평가들은 있는 그대로의 '자료'를 이용했지만, 과학적으로 부적절하게 이용한 것이다. 어떤 소도시 변두리의 거리 표지판에 해발 고도, 인구 수, 시로 지정된 연대를 나타내는 숫자들이 모두 한 줄에 기재되어 있는 것을 보여 주는 풍자 만화가 생각난다. 그 줄 밑에는 서로 연관이 없는 이 세 숫자의 총계가 나와 있다. 가설을 정확히 이해하지 못한 채 시험을 한 비평가들 역시, 실제적인 자료로 풍자 만화처럼 불합리한 일을 한 것이다. 미국의 북동부에만 얼마나 많은 새들이 서식하는가 하는, 간단해 보이는 추정을 하는 데에도 어느 정도의 과학 지식이 필요하다. 그런데 비평가들은 자신의 마음에 들지 않는 이론을 '시험'하기 위해 너무 서두르다가 '자료'를, 그것도 부적절한 자료를 적용하는 바람에 이런 측면을 무시했던 것이다.

사실상 종과 면적의 관계 공식은 기초 이론을 잘못 적용한 비생물학자 비평가들이 주장한 것처럼 뉴잉글랜드 지방에서 멸종되었어야 할 새들의 수를, 여섯 가지 요소로 인해 지나치게 높게 추산한 것이 아니라 실제로는 약간 낮게 추산하고 있다. 생태학자들은 사냥과 같은 다른 요인들도 새의 멸종과 관련이 있다는 결론을 내렸다. 서식지의 파괴로 고통받는 새들이 한곳에 모여들었고, 사냥꾼들은 새를 더 쉽게 발견할 수 있었다는 것이다. 이런 일은 종과 면적의 관계 공식이 실제로 발생한 세계적인 멸종 건수에 비해 더 낮은 값을 예측한 이유를 설명해 준다.

마지막으로 섬 생물지리학 이론을 미국 북동부에 사는 새들의 멸종에 적용한 과정을 살펴봄으로써 열대림의 멸종에 대해 어떤 것을 배울 수 있을까? 핌과 애스킨스는 결론적으로 여러 열대 지역에는 많은 종들이 있을 뿐만 아니라 대부분은 그 지방 특유의 고유종도 많다고 하면서 이 질문에 대한 답을 제시한다. 핌은 일전에 테리 루트와 나를 하와이 섬의 마우나케아 화산으로 데리고 가서, 높은 산비탈에 사는 작고 아름다운 멸종 위기의 하와이 새(아키아폴라우)를 보여 주었다. 그러면서 그는 "저 새를 잘 봐 둬요. 두 분보다도 먼저 사라질 운명인 것 같으니까요."라고 말한 적이 있다. 하와이 섬은 아키아폴라우의 마지막 서식지 가운데 하나다.

핌은 하와이 섬에도 한때는 135종의 육상 조류들이 떼지어 살고 있었고 이들 모두가 고유종이었는데, 현재 11종을 제외한 모든 종이 멸종되었거나 심각한 멸종 위기에 처해 있다고 말했다. 이 경우 북아메리카 대륙 북동부의 사례에서처럼 종과 면적의 관계 공식에 서식지의 손실분을 적용하면, 실제로 멸종된 종의 수보다 훨씬 적은 수가 예측된다. 서식지의 손실은 오직 하나의 요인에 지나지 않고, 다른 많은 교란 현상도 멸종의 원인이 되기 때문이다. 핌과 애스킨스는 "세계적인 멸종을 예측하기 위해서는, 한 지방의 특성에 대한 이해가 필요하다."라고 썼다. "북아메리카 대륙의 동부에는 고유종들이 거의 없었고, 따라서 심각한 삼림의 손실에도 사라진 새들이 거의 없었다. 그러나 고유종의 손실 비율은 예상보다도 높다. 우리는 이런 결론이 세계 곳곳에서 일어나고 있는 삼림 벌채와 종의 손실을 걱정하는 사람들을 지원하리라고 생각한다."

　그러나 이상의 사례가 분명히 보여 주는 것처럼 문제가 너무 복잡하고 잃어버린 정보가 많기 때문에 종과 면적의 관계 공식을 사용하든, 아니면 다른 흐릿한 수정 구슬을 사용하든, 멸종을 예측하는 일은 여전히 매우 불확실한 것이 사실이다. 그 이론을 적용하는 방법을 확실히 이해하지 못한 비평가들이 쓴 신문 사설 따위는 그 유리를 깨끗이 닦는 데에는 거의 도움이 되지 못한다.

상승 작용과 불확실성

　그렇다면 생물 다양성의 손실에 관한 이 모든 논쟁이 던지는 메시지는 무엇인가? 완전히 딱 맞아떨어지지는 않지만 신뢰할 만한 추정치를 제공하는 개념들을 무시하는 한편, 전체 종의 숫자나 멸종률에 대한 현재의 자료 부족을 이유로 종의 손실에 대한 우려를 묵살하는 극도로 단순화된 주장들은 기껏해야 빈약한 학식을 드러낼 뿐이고 나빠 봤자 공개적인 정책 논쟁에 불과하다고 해도 과언이 아니다. 조사를 할 수 있는 훈련된 생태학자가 없다는 이유로 미처 발견되지 않은 종들이 마구 잘려 나간 열대림 속에서 멸종되고 있다는 것을 부인하는 일은, 번개가 치면서 폭풍이 몰아치고 있을 때 외딴 곳에 있는 관찰되지 않은 건조한 황무지에서 산불이 시작되고 있다는 것을 부인하는 것과 같다. 자료에 근거해 만들거나 실증된 공식이 변화가 일어난 과정을 반영하지 않는다면, 자료 '하나만으로는' 예언적 가치를 갖지 못한다.

섬 생물지리학자들이 예측한 멸종률은 서식지의 손실이라는 하나의 원인에 기초하고 있다. 개인적인 견해로는 21세기의 가장 심각한 환경 문제는 단순히 서식지의 파괴나 오존층 파괴, 화학 오염, 외래종의 침입, 또는 기후 변화와 같은 하나하나의 요인 때문이 아니라 오히려 이 요인들의 상호 상승 작용 때문에 일어날 것으로 보인다.[12] 스튜어트 핌이 이야기한 것처럼, 삼림지를 베어 내도 지역적인 멸종까지 초래하지는 않을 것이다. 서식지에서 내몰린 새들은 가까운 곳으로 날아갈 수 있기 때문이다. 그러나 이런 삼림지들이 줄어들어 아주 드물어지고 기후까지 변한다면, 특히 그 변화가 이런 생물들이 마지막 빙기 이래로 대처해야 했던 일관된 지구 평균 변화율보다 10배 이상 빠르게 나타난다면, 그 작은 피난처에 때 지어 살고 있는 남은 종들은 점점 더 이동하기가 어려워질 것이다. 만일 1만 년 전 삼림에 사는 종들이 제각기 북쪽으로 이동하면서 21세기의 지구에서 볼 수 있는 공장과 농장, 고속도로, 무질서하게 확장되는 도시까지 가로질러 가야 했다면, 게다가 설상가상으로 20배나 빠른 기후 변화까지 겪어야 했다면, 어떤 어려움을 겪었을지 상상해 보라.

한 종의 새가 예전의 영역을 떠나면, 그 뒤에는 병충해가 크게 발생하지 않을까? 다른 한편 그 이동하는 새들이 북쪽의 다른 지역에서 해충을 감소시켰을 수도 있다. 이런 것들은 생태학자와 보존생물학자에게 좌절감을 안겨 주는 생물 군집의 기능에 대한 공론들이다. 왜냐하면 오늘날의 생물 종들, 즉 1만 년의 세월에 걸쳐 현재의 분포 구역에 정착한 생물들의 분포와 수를 최근까지 인류가 야기한 엄청난 교란 현상을 빼놓고 설명하기란 여간 어려운 일이 아니기 때문이다. 이제 실험실 지구에서 이루어지고 있는 실험들은 전례를 찾아볼 수 없는 비율로 갖가지 교란을 받는 생물 종과 군집의 상세한 반응에 대한 과학적으로 확립된 설명을 요구하고 있다. 어떤 정직한 과학자가 이처럼 의심스러운 미래에 대한 정확한 지식을 공표할 수 있을까? 정직한 비평가가 어떻게 과학자들이 이런 불확실성을 인정한 것을 비난하고 그 불확실성을 핑계 삼아 위험을 낮추는 조치를 연기시킬 수 있을까 하고 의아해할 것이다. 이런 일은 어떤 사람들에게는 훌륭한 사업이나 정치 행위일지 모르지만, 내게는 지구의 생물학적인 풍요를 걸고 내기를 하는 세계적인 도박으로밖에 보이지 않는다.

나는 여러분이 새들의 이런 투쟁을 통해서 지구 시스템 과학이, 특히 지역 삼림이나 고운 소리로 우는 새의 수준까지 내려올 때에는 얼마나 복잡해지는가를 볼 수 있었으리라고 생각한다. 자료의 출처와 그것의 이론적 추론은 연구해야 할 개체군만큼이나 다양할 것이다. 실제로 어떤 결론을 뒷받침하기 위해서는 제한된 상황에서 자료와 이론을 선택할 수 있다. 현명한 분석가는 전체적인 맥락을 살펴보고, 자신을 압박하고 있는 증거 우위라는 생각을 해결해야만 한다. 만일 사이먼이나 몇몇 자료 지향적인 경제학자들처럼 그런 결론이 마음에 들지 않는다면, 자료나 이론에서 모순되거나 빠진 요소를 지적함으로써 그 런 결론의 근거를 공격할 수 있다는 것은 분명하다.[13] 모든 이론 에는 언제나 빠진 자료와 증거가 불충분한 몇 가지 요소들이 있 을 것이다. 만약 여러분이 나처럼 모든 결론이 결정적으로(만약 그것이 결정적이라면) 입증될 때까지 수수방관하는 일의 위험성에 대해 크게 우려하고 있다면, 지구 시스템 과학에 근거한 이런 사례들에서 진지한 조치를 취해야 한다고 역설하는 이유를 충 분히 찾을 수 있을 것이다. 나는 이런 일에는 종종 명확하지 않 은 최첨단의 지식으로부터 믿음을 갖고 구체적인 행동으로 도 약할 필요가 있다는 점을 솔직히 인정한다. 그러나 만일 생태학 자들이 옳다면 어찌될 것인가?

생물 다양성은 보호할 가치가 있는가?

나는 가까운 숲 같은 지역적인 서식지들이, 작은 나무의 잔 뿌리에 있는 미생물 군집에서부터 세계적인 생물지구화학적 순 환과 기후 체계에 이르기까지를 연결하는 생태계 연속체의 일 부라고 믿는다. 자연과 문명의 다양성과 지속 가능성은 내가 가장 높이 받드는 가치들이지만, 나는 특정한 경우에 균형을 취하는 일은 '과학 공식'에 따를 필요가 없다는 점을 인정한다. 이때 필요한 것은 논쟁에 관해 알고 있는 사람들이 다양한 행위자들 중 누군가의 이익을 전적으로 무시하지 않는 해결책을 찾기에 충분한 상호 존중(그리고 약속 규정)을 갖춘 관리 과정이다. 이러한 해결책에서는 인류 역시 단지 하나의 종에 불과하며 성장과 물질적 발전 속도는 궁극적 목적이 아닌, 하나의 가치일 뿐이라는 점을 인정해야 한다.

나는 '세계적인'이라는 용어를 의식적으로 사용하고 있다. 생태계의 상호 연관성은 사유재산, 민족 국가, 그리고 풍습 등을 초월하기 때문이다. 환경의 관리는 정말로 거대한 시스템을 관리하는 일이다. 그러나 현존하는 대부분의 기구와 시설은 문제의 시스템을 관리하기에 적합하지는 않은 물리적·법적 테두리 안에 자리하고 있다. 환경의 지속 가능성이라는 원칙하에서, 우리는 인간과 자연이 상호 연결된 시스템과 함께 가는 관리 모형을 구축할 필요가 있다. 이렇게 부적절하게 짝지어진 것들을 바로잡기 위해서는, 현재 고려 중인 실제적인 시스템을 더욱 잘 배치하는 관리 연합체에 얼마간의 지역적 또는 국가적 권력을 기꺼이 양도할 필요가 있다. 끝으로 많은 분석적 의사 결정 도구를 지닌 '낙관론자들'이 자신들의 교양을 통해서, 변화의 가능성이 있고 매우 복잡한 시스템의 세부 사항은 항상 예측 가능한 것이 아니라는 사실을 깨닫게 되기를 바란다. 결국 우리는 경제적 효율성의 극대화라는 패러다임을, 자연과 문명의 다양성이라는 중요한 기준을 유지하고, 그것에 닥칠지도 모르는 위험을 회피해야 한다는 패러다임으로 대체하는 것을 고려해야만 한다.[14] '우리 먼저'는 결국 '자연은 마지막에'로 귀결될 것이기 때문이다.

6

**우리는 무엇을
해야 하는가?**

지구 시스템 과학에 대해 앞의 5개 장에서 다루었던 내용은 다음의
두 문장으로 요약할 수 있다. 인류의 수많은 활동이 초래할 수
있는 기후 변화와 다른 지구 변화가 우리의 미래와 자연 생태계
에 어떤 영향을 끼칠 것인가에 대해서는 매우 다양한 과학적 견
해가 존재한다. 그런 견해는 대기에 추가된 이산화탄소가 식물
의 생장에 유익한 결과를 가져온다는 것에서부터, 농업, 물의
공급, 해안선, 건강, 그리고 생물 종에 대해 대재앙을 불러일으
킬 수 있다는 것에 이르기까지 매우 다양하다. 이 장에서 나는
현재 만들어진 미래 시나리오를 문자 그대로 받아들여서는 안
되지만, 그 시나리오가 함축하고 있는 의미는 진지하게 받아들

여야 하는 이유가 무엇인지 제시하려 한다.

효율성의 극대화

세부 사항에 대해서는 많은 의견 차이가 있지만, 과학계의 식견 있는 사람들 중에서 다수를 표본으로 추출하면, 이런 전문가들은 대부분 다음과 같은 생각을 갖고 있다는 사실을 발견할 수 있을 것이다. (1) 지구 변화의 상당한 충격파가 일어날 것이라는 데에 내기를 걸면 상당한 승산이 있다(최소한 동전 던지기 이상은 된다.). (2) 전체적으로 이롭거나 무시해도 좋은 변화로 귀착될 가능성은 10~20퍼센트에 불과할 것이다. (3) 지구 변화를 일으키는 인류의 활동으로 인해 대재앙이 일어날 가능성 또한 10~20퍼센트다. 지구 변화의 결과에 대한 이러한 추정을 영향평가라고 하는데, 이는 현재 진행되고 있는 지구 변화의 실험이 계속되고 강화될 때 발생할 수 있는 사회와 자연에 대한 금전적·비금전적 비용을 나타낸다.[1]

| 여러분은 합리적인 행위자인가? |

경제학자들과 정치학자들이 '합리적인 행위자'라고 부르는 이 가공의 존재는 이러한 기후 변화를 피하기 위한 조치를 요구하기 전에, 우선 지구 변화가 미치는 영향을 완화시킬 비용, 예를 들어 이산화탄소의 방출에 세금을 매김에 따라 경제가 치르는 비용이 얼마인지 알고 싶어 할 것이다. 그러고 나서 이 합리적인 존재는, 영향 평가에서 변화가 줄어들지 않았을 때 들어갈 비용만큼만, 기후 변화를 막는 데 사용하기를 바랄 것이다. 이런 일을 가리켜 경제적으로 효율성 극대화 전략이라고 한다.

| '효율적인 자유 시장'은 존재하지 않는다 |

경제학자들은 '효율성'이라는 말로 어떤 뜻을 전달하고자 하는 것일까? 대부분의 경제학자들이 갖고 있는 최고의 믿음은 '자유 시장'이 경제 복지를 실현하는 가장 효율적인 방법이라는 것이다. 이의 충실한 신봉자들은 보건 법규나 환경 보호가 자유 시장을 속박한다면, 정부가 최우선적으로 해야 할 일은 보건 법규 제정이나 환경 보호가 아니라 자유로운 시장의 기능을 허용하는 일이라고 주장한다. 경제학자들이 말하는 '자유 시장'이

란, 사람들이 적합하다고 여길 때 자신의 돈을 자유로이 쓸 수 있다면 비용을 최소화하고 편익을 극대화시키는 것이 그들에게 이익이 되기 때문에 시간이 지남에 따라 그들이 '효율적인' 최선의 방도를 발견하는 시스템을 뜻한다. 다시 말해 인생사(또는 적어도 업무 측면)에서 최소의 비용으로 최고의 편익(이익)을 얻는 해결책을 발견할 것이라는 이야기다. 이는 경제학의 창시자인 애덤 스미스(Adam Smith)가 경제 체제는 정부 관리들의 긴 팔이 아닌 시장의 보이지 않는 손에 의해서 가장 잘 운영된다고 말한 것과 같은 의미다. 그 후 수세기 동안 수많은 경제학자와 기업가, 그리고 정치가가 정치적 분쟁을 나타내는 최초의 조짐으로서 이런 원리나 이치를 서로 묻고 답하는 일을 되풀이해 왔다. 이는 대개 기업 활동에 대한 정부의 규제를 제안하는 형식을 띠고 있었다.

오늘날 벌어지고 있는 중요한 논쟁의 하나는 시장이 비록 자유로운 것은 사실이지만('자유' 부분에 대해서는 다시 다룰 것이다.), 그 시장들이 과연 선전하는 것만큼 그렇게 효율적인가 하는 것이다. 환경에 관한 적절한 예를 들자면, 과학 기술자들과 일부 환경 보호론자들이 대부분의 주택이나 상점, 공장, 사무실에서

에너지 효율이 높은 전구나 창문을 사용하지 않는 이유가 무엇
인가를 두고 벌이는 논쟁을 들 수 있다. 공학자들은 시간이 지
남에 따라 이런 비효율성으로 인해 추가로 드는 에너지의 비용
이 빌딩의 효율성을 높이기 위해 필요한 투자 액수보다도 커진
다고 주장한다. 충실한 경제학자들은 일반적으로 이렇게 답한
다. 모든 비용의 쓰임새를 고려한다면 그런 일은 전체적인 비용
효과가 향상된 것으로 볼 수 없고, 따라서 사람들은 자신의 행
동을 바꾸지 않을 것이라고. 이는 사람들이 자기 자신의 경제적
이해 관계를 효율적으로 도모한다는 가정에 기초한다. 여기서
그렇게 행동하지 않는다면 분명히 불합리한 것이다! 과학 기술
자들은 이에 대해 흔히 200년간의 '효율적인 시장'이라는 미사
여구에도 불구하고, 자유 시장은 에너지는 말할 것도 없고 경제
적으로도 효율성이 없다고 응답한다. 예를 들어 미국의 보통 주
택을 골라 창문과 절연재, 그리고 밖에 세워 놓은 차를 살펴보
자. 또는 보통 공장에 있는 기계들을 살펴보자. 기술적으로는
유용한 제품들이지만, 이중 그 어느 것도 에너지 사용 측면에서
는 효율적이지 않다. 그러나 경제적인 효율성을 에너지와 대립
하는 것으로서 평가하기 위해 우리는 다음과 같은 질문을 던질

필요가 있다. 에너지 추가 사용 비용을 내는 것보다 이렇게 에너지 효율이 떨어지는 제품을 교체하는 데 더 많은 비용이 들지 않을까? 여기서 효율 높은 제품을 만드는 데 연료를 더 많이 사용함으로써 환경을 해칠 수 있는 오염 물질이 더 많이 생긴다는 사실, 그리고 이로 인해 사회 전체적으로는 경제학자들이 '외부성(externality)'이라고 부르는 일정한 비용을 치러야 한다는 사실에 대해서는 잠시 신경을 끊기로 하자. 이런 외부성의 문제는 차치하더라도 활용할 수 있는 에너지 효율이 높은 제품을 설치하지 않은 이유는, 자유 시장 체제라는 것이 그 옹호자들이 주장하는 것만큼 그렇게 경제적으로 효율성 있게 작동하지 않기 때문이라고 주장하는 비평가들이 많다. 이를 가리켜 '시장의 실패'라고 한다. 경제학자들은 대부분 자유 시장이 완전히 효율적인 경제 구조는 아니라는 사실을 인정하고 있다. 그러나 그런 원인의 대부분을 투자자나 소비자의 잘못이라기보다는 정부의 간섭 탓으로 돌린다. 자유 시장 지지자들로부터 시장이 실패했다는 자백을 받아 내기 위해서는 확실한 증거가 필요하다.

　　나는 지구 온난화 관련 정책에 대한 1991년 미국 국립 연구 협의회(U. S. National Research Council)의 평가에 대해 경제학자들과 공학자들이 이러한 논쟁을 벌이는 것을 볼 수 있었다.[2] 우리가 맡은 일은 이 문제의 잠재적인 중요성과 가능한 정책 방향, 그리고 그 비용과 편익에 대해 미국 정부에 조언하는 것이었다. 이것이 공학자와 경제학자 사이에 논쟁을 붙인 계기가 되었다. 오가는 그들의 말을 듣는 것은 꽤 재미있었다. 한 과학 기술자가 "이산화탄소의 배출량을 10~40퍼센트 줄이고도 돈을 벌 수 있다니 정말 대단하지 않은가. 그런데도 이른바 자유 시장이라는 것은 에너지 효율이 낮은 구식 제품들로 가득 차 있다."라고 말할지 모른다. 그러면 경제학자는 이렇게 반박할 수 있다. "그렇지 않다. X사가 최신 기계들을 모두 사들이려고 밖으로 뛰어다니지 않는 이유는, 한 회사의 최고 경영자가 공장의 에너지 효율을 높일 방법을 찾느라고 몇 달씩 보내면서 겨우 10퍼센트의 비용을 절약하는 것이야말로 경제적으로 비효율적이기 때문이다. 그 최고 경영자는 그 시간에 《월 스트리트 저널》을 읽고 새로운 사업 기회에 대해 배움으로써 투자액 대비 10퍼센트 이상의 수익을 얻을 수 있어야만 한다." 나는 생각에 잠겨 나 자신에게 이렇게 말했다. '시장의 충실한 신봉자들은 시장이 효율적이라는 점을 주장할 방법을 찾기 위해 전력을 다할 것이다.' 나는 이야기에 끼어들었다. "어떤 전구가 에너지 사용 측면에서 비효율적인가를 알아보려고 회사의 이곳저곳을 어슬렁거리면서 시간을 보내는 최고 경영자가 훌륭한 경영자가 아니라는 데에는 동의한다. 그러나 적은 비용을 들여 그런 일을 할 과학 기술자를 고용하고, 그에게 회사의 에너지 효율과 비용 효과를 더 높일 수 있는 권한을 주는 훌륭한 경영자를 기대하면 안 되는가?"

어쨌든 다음 이야기는 널리 알려진, 경제학자에 대한 일종의 재담이다. 손녀와 공원에서 산책하는 것을 즐기는, 노벨상을 수상한 어떤 경제학자가 있다. 어느 날 손녀가 공원 벤치로 깡충깡충 뛰어가면서 이렇게 말한다.

"기다리세요, 할아버지. 저 벤치에 가서 뭘 좀 가져올게요."

"그래, 뭘 가지러 가는데?"

손녀가 흥분한 목소리로 대답한다.

"벤치 밑에 20달러짜리가 떨어져 있어요."

"아냐, 그런 건 없다."

경제학자는 벤치 밑이 아닌 다른 곳을 쳐다보며 권위주의적인 목소리로 이렇게 조언한다.

"만약 그런 게 있다면 다른 사람이 이미 주워 갔을 테니까."

아무렇게나 떨어져 있는 20달러 지폐조차 시장의 실패를 뜻하는 것이다!(그러니 지난 여름, 10대인 내 딸이 오스트리아의 수도 빈의 번화가 길바닥에서 20실링짜리 지폐를 발견했을 때 내가 얼마나 기뻐했을지 상상해 보라. 나는 그 즉시 딸에게 말했다. 이 일을 네게 아기를 맡기는 경제학자에게 이야기하라고!)

시장 경제는 효율적인가? 이런 이야기는 이 사회에서는 냉정한 이야기가 아니다. 시장의 실패는 사람들이 에너지 효율이 높은 신제품처럼 비용 효과를 얻을 수 있는 기회를 인식하지 못하거나, 숨겨진 국가 보조금이 있을 때 일어난다(예를 들어 원자력 발전소에서 사고가 일어날 경우 전력 회사의 책임을 일정하게 줄여 주는 법은 원자력 발전이 공급하는 전기의 값을 깎아 주기는 하지만 시장 경제가 작동하도록 하지는 않는다. 왜냐하면 이 법은 비용이 더 적게 드는 경쟁자들을 희생시켜 가면서 특정한 에너지 공급 형태에 보조금을 지급하고 있기 때문이다.). 이런 일은 경제적으로 효율적이지 못하다. 효율적인 시장을 만들려면, 사회 전체적으로 편익을 극대화하고 비용을 극소화해야만 한다. 그러나 경제학자들은 다음의 질문들을 두고 오랫동안 씨름

해 왔다. 누구에게 비용을 물리고, 누구에게 편익이 돌아가게 해야 하는가? 이익은 투자자에게 돌아가지만, 비용은 눈에 보이지 않게 시장과 관계 없는 사람들이 치르는 경우가 많다면 어떨까? 이는 형평과 효율성의 문제다. 일반적으로 수지타산을 기록해 놓은 회계 장부상으로는 시장이 효율적이라고 해도, 다른 사람의 폐에 손상을 입히고 기후를 변화시키는 등 우리 사회의 여러 부분에 해로운 영향을 끼치는 폐기물이 자동차의 배기관에서 나온다는 사실을 에너지 비용에 포함시키지 않는다면, 이런 에너지 가격을 어떻게 '공정한 시장 가격'이라고 할 수 있는가?

진정한 자유 시장의 효율성을 믿는다면, 거래 가격 속에 회계 장부 밖에 있는 사회적 비용에 대해 책임을 지는 최소한의 무엇인가를 포함시켜야 한다. 이것은 외부성의 비용을 정확하게 찾는 단순한 기술적 문제가 아니다. 경제학자들이 이런 문제를 가리키는 용어, '내면화된 외부성(internalizing externality)'은 문화적·정치적 문제이기도 하다. 예를 들면 환경 오염은 공공 재산의 가치를 떨어뜨리는 것이 분명하지만, 그렇다고 해서 에너지 가격을 올리면 경제와 특히 가난한 사람들이 일시적으로 상

처받을 수 있다는 점을 뻔히 아는 상태에서 에너지 가격의 문제
를 어떻게 처리할 것인가와 같은 문제들이다. 형평이냐, 효율성
이냐, 환경 보호냐의 문제로 귀결되는 것이다. 또 하나의 문화
적인 장애물은 개개인의 결정이 지구의 '재산'에 영향을 미치는
것은 사실이지만, 어느 누구도 지구의 환경을 소유하지는 않는
다는 것이다. 환경은 말하자면 공유 재산인 것이다. 법규나 사
용료가 효력을 발휘하지 않는다면, 현재로서는 개개인에게 공유
재산에 미치는 영향을 줄이라고 도덕적으로 설득하는 것 이외에
는 다른 방도가 거의 없는 실정이다. 거의 모든 현대 경제학자들
은 이것이 심각할 수도 있는 시장의 실패라는 점을 시인하고 있
다. 이 문제는 일단의 경제학자들과 자연과학자들이 '생태경제
학'이라는 새로운 분야를 만들게 한 원인이 되기도 했다.[3]

　효율성 극대화 전략의 문제로 돌아가서, 이러한 최적의 수
준은 어떻게 산출할 수 있을 것인가? 지구 변화를 연구하는 과
학자들은 비용과 편익의 틀 속에 경제와 생태학을 집어넣기 위
한 시도로서, 종합 평가라는 일종의 모형화 작업을 이용하고 있
다. 비용과 편익 분석 같은 분석 방법을 지지하는 몇몇 사람들
은, 현실 세계의 결정은 이런 합리적 도구에서 얻은 대답에 의

해 결정되어야 하며, 그밖의 것들은 결코 객관적으로 볼 수 없거나 불합리한 것이라고까지 거듭 주장하고 있다. 이런 식의 신념은 아무리 출발점이 진지하다고 해도 과학적 주장이 아니라 오히려 문화적 편견이라 할 수 있다. 나는 모든 의사 결정이 불합리하다거나 이러한 분석적 방법의 통찰력을 무시해야 한다고 주장하는 것은 아니다. 정반대로 나는 이러한 방식을 이해하는데에 내 연구 활동의 상당 부분을 할애하고 있다. 이런 방식들이 화폐로 측정할 수 있는 경제 문제의 양상을 우리에게 알려줄 수도 있기 때문이다. 이런 것들을 무시하는 일이야말로 불합리하다고 할 수 있다. 또한 경제적 도구가 정책 과정에 적용되는 상황을 이해하는 사람들이 별로 없다는 사실은 효율적으로 (즉 정치적으로) 움직이는 민주주의에 현실적인 위협이 된다. 그러나 시장의 효율성과 그것의 분석용 도구인 비용과 편익 분석이 정책 결정의 '유일한' 근거가 되어야 한다고 주장하는 일부 신념은 생태학자들, 그리고 다수의 경제학자들과 심각하게 대립해 왔다.

앞으로 살펴보겠지만 종합 평가는 여러 가지 측면에서 부족한 점을 갖고 있다. 인류 활동에 따른 모든 비용과 편익을 신뢰할 수 있도록 평가하는 데에는 기술적인 어려움이 따르기 때문이다. 또한 궁극적으로는 유일한 비교 단위가 화폐(대개 달러)라는 이유도 있다. 합리적인 행위자의 경우와는 대조적으로 현실 세계의 사람들이 소중히 여기는 많은 것들(자유, 자연, 사랑, 안전)은 화폐로 쉽게 환산할 수 있는 것이 아니다. 그러나 종합 평가는 과학이 할 수 있는 최선의 일이다. 그리고 나는 종합 평가가 단편적인 접근 방식, 광고들, 보도 자료, 그리고 정치적 논쟁에서 사용되는(또한 남용되는) 감동적이지만 본보기로 삼을 수 없는 이야기들보다 훨씬 낫다고 생각한다.

우리는 지금까지 지구의 기후 변화에 초점을 맞춰 왔으므로, 종합 평가를 기후 변화의 사례 연구에 적용해 보기로 하자. 영향력을 정확하게 구분하려면, 대기의 농도에 대한 장기적인 결과를 평가하기 위해서 사람들이 향후 100년 동안 얼마나 많은 온실 기체와 이산화황을 만들어 낼 것인가를 평가하는 일부터 시작할 필요가 있다. 그것은 어떤 과학 기술이 나타날 것인가, 우리 각자가 그 과학 기술을 얼마나 이용할 것인가, 지구 위에 얼마나 많은 사람들이 존재하게 될 것인가를 추정한다는 뜻이다(이는 이 책의 앞부분에서 언급한 I=PAT다.). 이 논의가 진행되는 동안 어떤 일의 총비용은 겉보기와는 다르다는 것을 기억해 둘 필요가 있다. 종합 평가를 할 때에는 석탄 한 덩어리에 채굴이나 저장이나 수송에 들어간 비용뿐만 아니라 에너지 생산과 사용으로 인한 잠재적인 환경 변화 문제는 물론, 채굴 활동과 연소로 인한 건강 문제까지 포함되어야 한다. 자동차 한 대의 비용에는 재료와 노동력, 이윤뿐만 아니라 폐차 처리에 드는 비용과 배기관에서 배출되는 배기 가스 때문에 생기는 문제 처리 비용까지도 포함시켜야 한다. 이런 비용들은 일반적인 회계 계산과는 아무 상관이 없는 것으로, 내가 앞에서 외부성으로 정의한 것들이다. 그러나 이것들은 분명히 우리 사회가 치러야 하는 실제 비용이다. 비록 일반적으로 이루어지고 있는 '합리적인' 정치 및 경제 강연에서는 편의에 따라 생략된다고 할지라도 말이다.

| 시나리오들 |

국제 연합(UN)은 미래의 인구에 대해 대체로 높은 수준, 중간 수준, 낮은 수준의 '시나리오'(이는 종합 평가를 하는 사람들이 매우 즐겨 사용하는 단어다.)를 포함한 인구 계획을 발표하고 있다. 낮은

수준의 시나리오와 높은 수준의 시나리오에 나타난 2100년의 추정 인구 사이에는 엄청난 차이가 있다. 약 50억 명 대 200억 명인 것이다. 이 세 가지 시나리오의 주된 차이점은 현재의 여러 개발도상국들이 얼마나 빨리 '인구 보충 수준(replacement level)'의 출생률에 도달할 것인가에 달려 있다. 여기서 인구 보충 수준이란 한 쌍의 부부가 평균적으로 2명의 아이들을 갖는 것을 말한다. 거의 모든 분석가들이 낮은 수준의 시나리오는 거의 실현 가능성이 없는 것으로 보고 있다. 이 시나리오에서는 21세기의 출생률을 인구 보충 수준 이하로 가정하고 있기 때문이다. 대부분의 미래학자들은 개별 국가의 출생률 저하 속도에 따라, 현실적으로 중간 수준과 낮은 수준의 시나리오 사이에서 가닥이 잡힐 것으로 생각한다(이는 100억 명에서 140억 명이다.).

개발도상국들에서 인구 보충 수준의 출생률을 달성하는 일이 몇십 년 지연된다는 것만 제외하고 기타 다른 모든 요인들이 일정할 때, 2100년이면 이 세상에는 지금보다 100억 명이나 많은 사람들이 살 것이라는 이야기는 정말 놀라운 일이 아닐 수 없다. 출생률을 낮추기 위해 고안된 가족 계획과 다른 프로그램들은 단지 사소한 차이만을 가져올 뿐이라고 주장하는 사람들은 이런 결론의 근거로 2025년을 지적하고는 한다. 이렇게 짧은 시간을 두고 볼 때에는 세 시나리오 사이에 상대적으로 거의 차이가 없기 때문이다. 그러나 여기에는 연령 구조(각 연령 집단의 인구 백분율)의 문제가 있다. 그것은 가장 높은 인구 성장률을 기록하는 대부분의 나라들이 가임 연령 이하에서는 여전히 불균형한 부분을 갖고 있다는 점이다. 따라서 내일 당장 인구 보충 수준의 출생률에 도달한다고 해도, 다시 말해서 지금부터 모든 부부가 아이를 2명만 낳는다고 해도, 인구는 계속 증가할 것이 틀림없다. 이것이 인구의 관성이라는 개념이다. 이런 일이 일어나는 이유는 젊은 층의 불균형한 백분율로 인해서 그들이 아이를 가진 이후에만 인구 성장률이 0이 되기 때문이다. 어떻게든 현재와 미래의 모든 부부가 내일부터 인구 보충 수준의 출생률을 실행하기로 합의한다고 해도, 약 55억이라는 1990년대 인구는 인구의 관성으로 인해, 75년 동안 계속 증가해서 약 80억이 될 것이다.

따라서 인구 보충 수준의 출생률을 빨리 달성하면 할수록, 최종 인구의 크기를 획기적으로 줄일 수 있다. 이 점은 중국인들이 인구의 관성으로 인해 21세기 말이 되기도 전에 자국의 인구가 두 배로 늘어나는 것을 막기 위하여, 한 자녀 갖기라는 대단히 엄격하고 논쟁의 소지가 다분한 정책을 선택한 이유를 부분적으로 설명해 준다. 여러분의 도덕적 관점이나 여러분이 지지하고 있는 낙관론자 대 비관론자, 경제학자 대 생태학자의 패러다임에 따라, 여러분은 고압적인 정책이든, 아니면 더욱 큰 재앙이라 할 수 있는 두 배로 늘어난 인구의 출현이든, 둘 중 한 가지를 보게 될 것이다. 이에 대한 가치 판단은 잠시 접어 두고, 이 문제를 종합 평가 과정 안에서 살펴보기로 하자.

일단 인구 성장에 대해 하나의 시나리오를 선택한 뒤에는, 한 사람이 얼마나 많은 양의 소비를 할 것인지(전통적인 방식으로 정의하자면 부의 수준)를 결정해야만 한다.[*] 현재 개발도상국의 1인당 소득은 평균 1,000달러 안팎이다. 이것은 선진국의 1인당 평균 1만 달러와 비교되는 수치다. 형평성과 정치 논리는 개발도상국의 개발을 요구하고 있으며, 정부와 UN 같은 국제 기구에서 작성한 모든 공문서는 세계의 가장 가난한 80퍼센트에 대한 1인당 경제 조건의 획기적인 성장률을 당연한 것으로 가정하고 있다. 탐욕이 언제나 개인의 심리에서 한 부분을 차지할 것이라고 믿는 대다수의 경제학자들과 분석가들은, 21세기에 1인당 소비 수준에서 가난한 사람들이 선진국 국민을 따라잡는 동안 선진국 국민들이 빈둥거리며 그저 보고만 있지는 않을 것이라고 가정한다. 그보다는 오히려 선진국에서도 1인당 소득이 증가하리라고 예측한다. 2100년이 되면 일반적으로 세계의 1인당 소비는 400퍼센트, 개발도상국의 경우는 800퍼센트 늘어날 것으로 예측된다. 분석가가 할 일은 여러 가능성이 있는 경우들을 훑어보고 질문을 던지는 것이다. 시나리오 A가 일어나면, B가 일어나면, C가 일어나면 어떻게 될까? 이런 정신으로, 이 전형적인 인구와 부에 대한 추정을 그럴듯한 것으로 받아들이자.

종합 평가 논리의 다음 사슬은 환경 문제에서 매우 중요한데, 그것은 120억 세계인에 대해서 1인당 소비 수준을 이처럼 몇 배로 늘리기 위해 어떤 과학 기술을 사용할 것인가 하는 문제와 관련이 있기 때문이다. 첫 번째는 가장 중요한 용어인 '에너지 강도'다. 이는 한 단위의 경제 상품을 생산하는 데 필요한 에너지의 양을 가리킨다. 부유한 나라에서는 지난 수십 년 동안, 단위 국민 총생산(GNP, 경제 복지의 표준 지표)을 생산하는 데 필요한 에너지 양이 꾸준히 감소했다. 평균적인 개선(GNP의 각 단위에 더 적은 에너지가 필요하게 되는 일) 비율은 지난 30~40년 동안 1년에 1퍼센트 정도였다. 그러다가 1973년 OPEC의 유가 인상 이후, 가격에 의해 유도된 배급, 혁신, 에너지 효율 등이 빠른 속도로 추진됨에 따라 1970년대에는 개선 비율이 급격히 치솟았다. 그렇게 해야 할 가격 동기가 있었기 때문이다.

이런 에너지 강도의 개선 비율이 장차 어느 정도가 될 것인가 하는 점이 경제학에서 하나의 중요한 논란이 되고 있다. 물론 OPEC의 금수 조치의 교훈에서 알 수 있듯이, 전통적인 에너지(화석 연료)의 가격 또한 방정식의 일부가 되어야 한다. 그럼에도 불구하고 이러한 종합 평가 모형 중 이렇게 명백한 가정을 포함하는 것은 아직 거의 없다. 오히려 일반적으로 이용되는 가정은 좀 더 개선된 에너지 효율이 높은 제품은 시간이 흐름에 따라 일정한 속도로 개발되리라는 것이다. 이런 제품을 만들고 구입하는 데에는 시간이 걸리기 때문이다. 그리고 어떻든 에너지 가격은 관련이 없다고 말한다. 스탠퍼드 대학교 동창인 경제학자 래리 골더(Larry Goulder)와 나는, 그의 에너지-경제 관계의 모형을 이용해서, 에너지 가격이 상관없다는 이런 기본 가정은 탄소세(carbon tax) 추정 비용을 상승하게 할 가능성이 있으며, 따라서 미래 세대의 종합 평가는 온실 기체를 줄이려는 정책에서 야기된 전통적인 에너지의 가격 상승이 어떻게 에너지 이용의 효율화를 촉진하고 비전통적 에너지(태양 에너지 등)의 가격을 낮출 과학 기술의 진전을 일으킬 수 있는가를 고려해야 한다는 점을 밝혔다.[5]

일부 개발도상국들에서는 지난 10년간 에너지 강도가 실질적으로 나아지기는커녕 점점 더 나빠졌지만, 거의 모든 분석가들은 개발도상국의 경제가 가열되고, 자본이 생기고, 이미 시장에 나와 있는 더 효율적인 제품이 팔려 설치되면 이런 암울한 경향은 역전될 것이라고 예상하고 있다.

새들의 투쟁에서 보았듯이, 과거에서 얻은 자료에 근거해서 미래에 어떤 일이 일어날 것인가를 예측하는 일은 상당히 까다로운 작업이다. 개발도상국의 에너지 강도가 언젠가는 향상되리라는 예상은 서양의 경험을 근거로 하는데, 이는 경제가 급속히 발전하기 시작하면 산업화를 촉진하기 위해 오염을 일으키는 값싼 수단도 사용할 것임을 암시한다. 그 대표적인 수단은 석탄이다. 오늘날 중국과 인도의 계획이 그렇듯이, 그리고 1세기 전 미국과 영국의 산업 혁명에서 그랬듯이 말이다.

다시 한번 서양의 경험에 비추어 보면, 10~20년 후에는 급속히 성장하는 개발도상국들이 현재 개발 과정의 초기 단계에서 실시하고 있는 과학 기술들보다 에너지 효율이 높고 오염을 적게 일으키는 과학 기술을 도입하는 것이 경제적으로 비용 효율성을 가질 것으로 보인다(확실치는 않다.). 이런 예상의 어느 것도 확실치 않다. 예상의 이러한 특성은 그것은 다양한 정책과 실행을 반영하는 선택적인 시나리오들이 종합 평가를 하는 사람들에게 정책 결정 과정에 기여할 수 있는 기회를 제공할 수 있는 이유다. 에너지 강도 시나리오에 영향을 미치는 다양한 정책의 상대적 중요성을 보여 줌으로써, 이산화탄소나 이산화황의 배출에 영향을 미치는 여러 요인들을 밝힐 수 있고, 선택적인 개발 정책과 관련이 있는 기후 변화나 대기 오염의 가능성도 밝힐 수 있다.

인구, 부, 과학 기술에 대한 선택적인 추정이 암시하는 것도 평가할 수 있는데, 이를 '민감도 분석'이라고 한다. 이러한 정책 분석은 종합 평가 도구가 갖는 강점의 하나며, 많은 정부에서 기후 변화라는 지구 문제의 수많은 여러 부분들을 끌어 모으려는 합리주의자의 방식으로서 이 기술을 채택한 이유이기도 하다.[6]

에너지, 그 자체가 지구 기후의 근본 문제는 아니다. 문제는 탄소 배출이다. 만일 생물량(biomass, 어느 지역 내에 생활하고 있는 생물의 현존량. 군집 내 밀도를 나타내는 데 쓰인다.—옮긴이)이나 태양 에너지, 또는 원자력이 주요 에너지원이라면, 석탄이나 석유 또는 석탄 속에 들어 있는 탄소에 근거한 합성 연료가 사회를 지탱하는 경우에 비해서 에너지 단위당 방출되는 탄소의 양은 훨씬 적을 것이다. 또는 잠시 천연 가스를 이용할 수도 있다. 그것은 천연 가스가 다른 화석 연료에 비해 오염 물질을 훨씬 적게 배출하기 때문이다. 결국 인구, 부, 과학 기술의 경향성으로부터 이산화탄소의 배출량을 계산하는 우리의 방정식에는 한 가지 요인이 더 필요하다고 할 수 있다. 그 요인은 바로 탄소 강도다. 이는 생산된 에너지 단위당 배출되는 이산화탄소의 양을 말한다. 이것은 석탄에 근거한 미래의 경제가 아닌 천연 가스의 사용으로 인한 이산화탄소 축적의 효과에 관해, 종합 평가를 통한 민감도 분석을 실시할 수 있는 또 하나의 예다(이 일은 둘 중 한 가지 이상의 요인을 통해서 이산화탄소의 방출을 감소시킬 것이다.).

| 전문가들의 예측과 논쟁 |

현재의 어떤 분석가가 어느 특정 시나리오가 현실화할 것인가를 정확히 알아맞힐 수 있다고 생각하는 것은 불합리하다. 사실 엄밀히 말하면 어떤 시나리오든 그것이 그대로 나타날 확률은 0이다. 다시 말해 미래는 분명히 우리가 그리는 어느 하나의 곡선을 따라 나타나지는 않을 것이다. 종합 평가의 목적은 앞으로 어떤 일이 일어날 것인가에 대한 정확한 예측을 제공하는 것이 아니라, 선택적 가정의 차별적 결과를 보여 주는 것이다. 분석가의 가치 체계가 어떻든, 최소한 그 분석 과정은 선택에 따른 필연적인 결과를 뚜렷이 보여 준다.

어느 한 선택이 정확하게 참일 확률이 0이라면, 우리는 어떻게 그 결과들을 현실 세계의 유의미한 방식으로 제시할 수 있을까?

미국 환경 보호국(EPA)의 분석가 제임스 타이터스(James Titus)는 한 가지 해법을 시도하고 있다. 그와 그의 동료들은 종합 평가 모자이크의 한 작은 조각, 즉 여러 가지 이산화탄소 배출 시나리오들이 해수면 상승에 미치는 영향을 연구했다. 그는 오랫동안 해양이 따뜻해지면서 그 결과 일어나는 수역의 열팽창이나 대륙 빙하의 용해와 관련된 해수면 상승 문제에 관심을 갖고 있었다. 두 가지 작용 중 어느 것이든 해안선을 따라 좀 더 높게 밀려오는 파도를 일으킬 것이다. 해수면은 20세기에는 10~25센티미터 상승했고 21세기에는 0~120센티미터 더 상승할 것으로 예상되는데, '최선의 추측'은 50센티미터 정도다. 해안선의 경제적 가치에 대한 연구를 살펴보면 미래에는 해수면 상승이 수천억 달러의 외부성 요인이 될 것임을 알 수 있다. 따라서 이런 일이 일어날 확률을 평가하는 일은 매우 중요한 종합 평가 활동이다.

신뢰할 만한 시나리오가 하나도 없다는 것을 알게 된 타이터스는 타당성 있는 일군의 결과를 조사하고 그것들 모두에 가능한 한 객관적인 확률을 매기려고 했다. 이 일을 위해 그는 앞으로 얼마나 많은 이산화탄소가 방출될 것인가, 자연계는 자연적인 탄소 순환을 통해서 어떻게 그것을 처리할 것인가, 이산화탄소는 기후 변화를 어떻게 바꿀 것인가, 그 기후 변화는 양극의 얼음 덩어리와 해양의 온도 분포에 어떤 영향을 끼칠 것인가를 두고(두 가지 모두 해수면의 변화를 결정한다.), 수십 명의 전문가들이 내린 최선의 추측에 기댔다.

타이터스와 그의 동료들은(그 문제에 확신을 갖고 있는 전문가들을 포함해서) 영향 평가의 최종 산물을 미래의 해수면 상승에 대한 통계적 분포로 계산했는데, 그것은 확률이 낮은 결과로서 약간의 음수 값, 즉 해수면의 하강에서부터, 역시 확률이 낮은 1미터 이상의 상승에 이르는 범위를 갖고 있었다[그림 7.][8] 이 확률 분포도의 중간값은 21세기 말에 약 0.5미터의 해수면 상승이 이루어질 것을 나타낸다. 타이터스는 분포도상의 숫자를 있는 그대로 받아들이지 말라고 경고하고 있지만, 나는 그림 7에 나타난 결과의 전체 구조가 그 문제를 상당히 잘 묘사한다고 생각한다.

미국 환경 보호국의 분석은 여기에서 멈추었으므로 결코 완전한 평가라고 볼 수는 없다. 종합 평가를 통해 논리적 결론을 내리기 위해서는, 다양한 조절 계획에 경제적 비용이 얼마나 들 것인지, 감소를 위한 비용은 해수면 상승으로 인한 경제적 또는 환경적 손실과 어떻게 비교해야 할 것인지를 물을 필요가 있다. 그것은 기후 변화, 연안의 습지대, 어장, 환경적 난민 등을 금전적으로 평가한다는 뜻이다. 카네기 멜론 대학교의 하디 돌라타바디(Hadi Dowlatabadi)는 종합 평가 연구진을 이끌고 있는데, 그들도 타이터스처럼 기후 변화와 그 영향에 대한 광범위한 시나리오를 짜맞추기는 한다. 그러나 환경 보호국의 연구와는

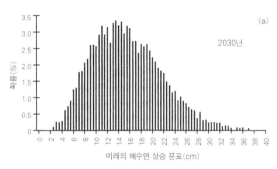

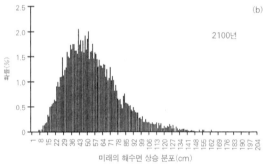

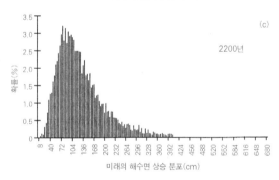

달리 광범위한 감소 비용의 평가를 덧붙이고 있다. 그들은 이산화탄소 방출량 조절에 대한 투자액이 예방된 기후 변화로 인한 손실액보다 많거나 적을 확률로서, 통계 형식의 종합 평가를 제시했다.[9] 이 결과에는 (해안이 범람하여 주거지를 잃은 사람들이라는 정치적 결과 등의) 생각할 수 있는 모든 비용에 대한 평가가 포함되어 있지는 않다. 따라서 카네기 멜론 대학교 팀은 단지 종합 평가 기술의 성능을 예증하는 것으로서 이런 결과를 제출했다고 볼 수 있다. 그 일이 초래할 수많은 결과는 물리적 · 생물학적 · 사회적 결과의 범위, 그리고 그것들의 비용과 편익을 정량화한 뒤에나 의미를 가질 것이다. 이는 참으로 어려운 일이다.

네덜란드 정부도 정책 담당자를 위한 종합 평가 결과를 얻으려고 노력했는데, 거기서도 이와 비슷한 연구가 이루어졌다.[10]

그림 7

21세기의 기후에 어떤 일이 일어날 것인가를 정확하게 지적할 수 있다는 식으로 이야기하는 것보다는, 확률 분포로 미래의 시나리오를 나타내는 것이 훨씬 적절한 방법이다. 여기에서 제임스 타이터스와 V. 나라야난(V. Narayanan)은 가능한 이산화탄소 배출 추정치의 범위와 가능한 이산화탄소 농도의 범위를 합성했으며, 이산화탄소 농도의 범위를 이용해서 가능한 기후 변화(이 경우에는 해수면 상승으로 나타냄)를 산출했다. 각각의 특수한 결과에 대해 산정한 확률은 정량적으로 신뢰할 만한 것은 아니지만, 변화를 나타낸 그래프와 대소의 전체적인 형태는 최신 기술에 의한 평가를 대표하고 있다.

이와 같은 시도 중 하나를 이끄는 얀 로트만스(Jan Rotmans)는 물리적 · 생물학적 · 사회적 복합 요인으로 이루어진 이런 모형화 작업이 현재의 정책적 딜레마에 확실한 '답'을 제시할 수는 없지만, 좀 더 확고한 사실적 근거 위에서 의사 결정을 내리게 될 정책 담당자들에게 '통찰력'을 제공할 수는 있다고 지적한다. 일정한 활동의 비용과 편익을 양적으로 명확히 나타내는 데에는 논쟁의 여지가 있지만, 어떤 복합적인 분석 도구의 강점과 취약점을 아는 일은 합리적인 정책 결정에서 필수적이다.

예일 대학교의 윌리엄 노드하우스(William Nordhaus)는 기후 변화 정책에 대한 논쟁을 효율성 극대화의 틀 속에 집어넣는 모험을 감행했다. 그는 오래전부터 효율적인 경제는 외부성을 흡수해야 한다는 점(즉 일반 '자유 시장'의 가격에 반영되는 직접 비용뿐만 아니라, 우리의 활동에 대한 사회적 총비용을 찾아야 한다는 점)을 인정해 온 경제학자다. 그는 기후 변화로 생긴 이런 외적 피해를 정량화한 뒤에, 그것을 이산화탄소 배출량을 줄이기 위해 고안된 정책의 세계 경제에 대한 비용과 비교 평가하려고 했다. 그가 생각하는 최적의 해결책은 탄소세다. 이는 연료가 배출하는 탄소량에 비례해서 연료의 가격을 인상함으로써 사회 전체적으로 이런 연료들을 적게 사용할 동기를 부여하고, 이에 따라 기후에 대한 손실의 외부성을 흡수할 수 있도록 한 것이다.

노드하우스는 1톤당 몇 달러에서 수백 달러에 이르는 탄소세의 시나리오를 작성했다. 후자의 시나리오를 택한다면 세계 경제에서 석탄이 완전히 추방될 것이다. 그는 자신의 모형과 그 가설의 맥락 속에서 이런 식으로 탄소 배출에 부과된 요금이 세계 어느 곳의 경제에서든 2100년까지 GNP를 1퍼센트 미만에서 몇 퍼센트까지 감소시키도록 할 것이라는 점을 증명했다. 전통적인 경제학의 비용-편익 분석을 통해 계산해 낸 효율성 극대화 전략은 기후 변화를 막을 수 있을 정도로 세계 경제를 축소시키기에 충분한 탄소세를 부과해야 한다는 것이다. 그는 기후 변화가 미치는 영향은 GNP의 약 1퍼센트 감소에 상당한다고 보았다.[11] 그렇게 해서 그는 이산화탄소 매출량 1톤에 대해 10달러 정도를 부과하는 것이 '최적'의 탄소세라는 결론을 이끌어 냈다. 그의 모형화 작업의 운영 상황에서 볼 때, 이런 수준은 2100년에 도래할 지구 온난화의 10분의 1에서 5분의 1밖에 막지 못할 것이다. 이는 그의 모형이 추정한 섭씨 4도 온난화의 지극히 작은 부분일 뿐이다.

노드하우스는 어떻게 해서 기후 변화의 피해가 GNP의 약 1퍼센트라는 결론에 도달했을까? 그는 기후 변화로 피해를 입기 쉬운 경제 분야를 농업이라고 보았다. 수십 년 동안 농업경제학자들은 현재 너무 더운 일부 지역은 온난화로 인해 막대한 손해를 입을 것이고, 반면에 현재 너무 추운 지역은 이득을 볼 것이라고 이야기하면서, 다양한 기후 변화의 시나리오에 대해서 농작물 산출량의 변화 가능성을 계산했다. 그러나 농업기상학자인 노먼 로젠버그(Norman Rosenberg)는 기후 변화가 농업에 미치는 영향에 대한 이러한 연구는 "우둔한 농부라는 전제"를 내포하고 있다고 지적했다. 다시 말해서 그들은 농민들이 변화하는 시장과 과학 기술, 그리고 기후 변화에 적응할 수 있다는 점을 무시하고 있다는 것이다. 노드하우스 같은 경제학자들은 이런 적응을 통해서 농업이나 수송, 연안의 보호, 그리고 에너지 이용과 같은 시장 분야에 대한 기후 영향의 비용이 획기적으로 줄어들 것이라고 믿고 있다. 그러나 생태학자들은 이런 낙관론은 자기 만족에 불과하다며 이의를 제기한다. 그것은 잘 모르는 일을 하는 것에 대한 사람들의 저항, 새로운 과학 기술이 수반하는 문제들, 예상치 못한 병충해의 발생, 심한 기후 변동과 같은 현실 세계의 문제들을 무시하고 있으며, 그러한 무시가 인류가 유발한 완만하게 전개되는 기후 변화의 징후를 가리고, 농민들이 익숙지 못한 적응 계획을 실행에 옮기지 못하도록 할 것이기 때문이라는 것이다.

　나는 최근에 현대의 농민들이 실제로 있을 법한 '어떤' 기후 변화의 시나리오도 극복할 수 있다고 주장하는 낙관론적인 농업경제학자와 논쟁을 벌인 적이 있다. 나는 그가 농민들을 모두 초고속 통신망에 연결되어 있고, 종합 평가의 확률 분포를 알고 있으며, 병충해나 농작물, 날씨, 과학 기술, 정책, 장기적인 기후 상태의 수많은 놀라운 변화에 재정적으로, 지적으로 즉각 반응을 보일 수 있는 사람들로 생각하고 있다고 반격했다. 나는 계속해서 "당신은 현실의 농부를 과거의 비현실적인 '우둔한 농부'라는 전제를 마찬가지로 비현실적인 천재 농부로 바꾸었다."라고 말했다. 실제 농민들은 그 중간의 어딘가에 속할 것이다. 그리고 특히 개발도상국에서는 병충해와 혹독한 기후, 적절한 적응 계획에 투자할 자본의 부족에서 생기는 문제들이, 농업에 미치는 기후의 영향을 줄이는 데 오랫동안 심각한 장애물이 될 것이다. 이는 천재 농부에게도 마찬가지일 것이다.[12]

| 승리자와 패배자 |

농업 환경 변화나 해안선 변동처럼 기후 변화가 야기할 수 있는 잠재적인 비용에 대한 전통적인 경제 분석에는 또 하나의 문제가 있다. 이득을 보는 승리자와 손해를 보는 패배자에 대한 전망이 그것이다.[13] '후생경제학'의 분야에서는 다양한 활동과 사건의 종합적인 경제 복지 수준의 순변화, 그리고 종합 평가에 사용된 기후 변화의 평가를 통해서 이와 같은 손실과 이익을 계산하고 있다. 이에 따르면 만일 온난화 때문에 옥수수 수확량이 감소하여 아이오와 주의 농민들이 10억 달러의 손해를 본 반면에, 온난화로 경작 기간이 더 길어져 미네소타 주의 농민들은 10억 달러를 벌었다면, 미국의 순경제 복지도는 0이 될 것이다. 정치적으로 볼 때 이런 상황이 공평한 것으로 여겨질지는 심히 의심스럽다. 대부분의 사람들은 형평성을 고려한다면 이득을 본 사람이 손해를 본 사람에게 보상해야 한다고 생각하기 때문이다. 이런 '재분배 비용'의 문제는 지금까지 기후 영향 평가 논쟁에서는 대개 무시되었지만, 정치 무대에서는 분명 제기될 것이다.

이 점에 관해서 예일 대학교의 경제학자 로브 멘들슨(Rob

Mendelsohn)은 헤도닉 접근법(hedonic method, 재화의 효용이 아니라 재화의 속성을 중심으로 재화의 경제적 가치를 평가하는 방법—옮긴이)을 이용해서 전형적인 지구 온난화 시나리오에서 미국의 비용과 편익, 즉 영향을 평가하고자 했다. 이것은 온도 변화가 경제에 어떤 영향을 미칠 수 있는가를 보여 준다. 그러나 이 방법은 농업이나 임업의 수익성을 결정하는 복합적인 물리적·생물학적·사회적 과정을 명료하게 설명하는 것이 아니라, 단지 남동부처럼 따뜻한 곳과 북동부처럼 더 추운 곳에서 일어나는 경제 활동들을 비교할 뿐이다. 이 방법은 논쟁의 여지가 있다. 북부 기후나 남부 기후에서 흔히 이루어지는 사업의 차이가, 기후의 격변은 말할 것도 없고 시간의 흐름에 따른 온도 변화나 일시적인 온도 변화나 그외 다른 다른 변화를 설명하는 대용물이 될 수 있다는 이 주장에 자연과학자들이 이의를 제기하고 있기 때문이다. 하지만 여기서의 초점은 이런 결론에 이의를 제기하는 것이 아니라, 이득을 얻은 사람과 손해를 보는 사람이 싸우는 상황에서 그 결론을 알자는 것뿐이다. 멘들슨은 자신의 방법을 이용해서 온도가 올라가면 올라갈수록 이미 더운 곳들은 더 가난해지고 현재 추운 곳들은 더 부유해질 것이라는 결론을 이끌어 냈다.

캐나다 같은 나라들은 이득을 볼 것이고 인도는 손해를 볼 것이다. 그는 더 추운 곳에 위치한 경제력이 큰 부유한 나라들이, 대체적으로 더운 기후대에 위치한 가난한 나라들보다 경제적으로 더 많은 이익을 얻게 된다고 주장하기는 하지만, 이것이 다분히 갈등의 소지가 있는 시나리오라는 점을 인정한다. 하지만 민족국가들이 국제적인 이해 관계를 지배하고 있으므로, 기후 자원의 국제적 재분배 문제는 명확한 법적·정부적 권한이 없다. 기후변화는 처리하기 곤란한 딜레마를 안고 있는 세계적인 문제다.

주관적인 전문가들

나와 다른 많은 사람들은 《사이언스(Science)》에 게재된 일련의 편지들을 통해 윌리엄 노드하우스와 토론하면서, 기후 변화로 인한 1퍼센트의 GNP 손실은 너무 낮다고 주장했다. 피해액은 그보다 훨씬 커질 수 있다. 기후의 격변이 일어난다면 특히 그렇다. 노드하우스는 명예롭게도 비판자들의 이야기에 귀를 기울이고 자신의 연구를 확대해서, 가설로 설정된 지구 온난화로 인한 손해의 가치에 광범위한 의견들을 포함시켰다. 그는 오래지 않아 기후 변화의 외부성 가치를 평가하는 선택적 접근 방식을 발표했다.[14] 그는 혼자서 기후 변화의 비용을 추측하는 대신, 멸종되는 생물 종의 가치, 해수면 상승으로 인해 사라지는 늪지대의 가치, 환경 난민이 생김으로써 야기될 수 있는 갈등으로 인한 비용, 또는 시장에 포함되지 않는 다른 가치들과 같은, 이른바 비(非)시장적인 영역은 아무것도 포함시키지 않았다는 점을 인정했다. 이런 것들을 단순히 양적으로 다룰 수가 없었기 때문에 그는 대안적 접근 방식을 취했다. 기후의 영향을 고찰해 온 여러 분야의 전문가들의 견해를 살펴보고, 그들에게 여러 가지 기후 온난화 시나리오로 인해 경제가 치러야 할 비용이 얼마나 될 것이라고 생각하는지, 그들의 주관적 견해(즉 가장 훌륭한 추측의 범위)를 제시해 달라고 한 것이다.

여기에서는 숫자 자체보다는 그의 연구가 밝혀낸 문화적 분할이 더 흥미롭게 느껴진다. 노드하우스는 고전파 경제학자, 환경경제학자, 대기과학자, 생태학자의 의견을 표본으로 추출했다. 연구에서 드러난 가장 뚜렷한 특색은 전통적인 경제학자들은 거의 모두가 21세기 말에 섭씨 6도의 온난화가 나타날 것이라는 상당히 과격한 시나리오(엄청난 재난을 가져올 시나리오지만 이런 일이 일어날 가능성은 10퍼센트밖에 되지 않을 것이다.)조차 경제적으로 그리 큰 재난은 아닐 것으로 본다는 사실이었다. 전통적인 경제 학자들은 대부분 이런 어마어마한 기후 변화(수천 년이 아닌 100년 이내에 빙기에서 간빙기로 건너뛰는 변화에 맞먹는다.)도 세계 경제에 단 몇 퍼센트의 영향밖에 미치지 못할 것이라고 생각하고 있었다. 그들은 본질적으로 사회는 자연과 거의 관계가 없다는 패러다 임을 신봉한다. 그들의 견해에 따르면 현재의 기후와 관련된 자 연이 주는 혜택은 대부분 상대적으로 경제 문제에 거의 피해를 주지 않는 것으로 대체될 수 있다는 것이다.

이와 반대로 노드하우스가 자연과학자로 지칭한 집단은 심 한 기후 변화 시나리오로 경제가 입게 될 손실을 몇 퍼센트에서 100퍼센트에 이를 수도 있다고 보았다. 후자의 응답자는 문명 세계가 실제로 파괴될 확률이 10퍼센트나 된다고 본 것이다! 노 드하우스는 경제에 대해 가장 많이 알고 있는 사람들이 낙관적 이라고 말했다. 나는 환경에 대해 가장 많이 알고 있는 사람들 은 비관적이라는 분명한 사실로 이에 맞섰다.

이 논쟁을 풍자적으로 묘사하면, 전통적인 경제학자들의 특징은 우리가 실질적으로 하는 모든 일이나 동물, 식물, 광물들이 제공하는 사실상의 모든 서비스가 다른 것으로 대체될 수 있다고(물론 그들 역시 그에 대한 대가가 따른다고 생각한다.) 생각하는 것이라고 이야기할 수 있다. 만약 그 가격이 충분히 상승하면, 누군가가 현재 우리가(또는 자연이) 하는 방식과는 전혀 다른 방식으로 그 일을 고안해 낼 것이다.

산업이 값싼 구리를 다 써 버리면 누군가가 대용물을 발견할 것이다. 건축으로 인해 목재가 동이 나면 시멘트나 벽돌을 쓰면 된다. 생태학자들은 이런 이야기에 반박하면서, 식용 식물을 제공하는 유전자의 다양성, 쓰레기를 걸러 주는 늪지대, 또는 평소 기후를 유지하기 위해 온실 기체를 적정 수준으로 억제하고 홍수도 조절하는 삼림 같은 자연 생태계의 서비스는 모두 돈으로 따질 수 없다고 주장한다. 따라서 우리 사회는 우리가 과거에 종종 소규모로 해 왔듯이, 위기가 닥칠 때마다 어떻게 해서든 입수 가능한 대용물을 발견하고 세계적인 규모의 교란 현상을 극복할 방법을 찾아낼 것이라는 경제학자들의 판에 박은 믿음에 기대를 걸어서는 안 된다.

서로 동떨어져 있는 이런 신념 체계는 경제학자와 생태학자에 대한 한 재담을 떠오르게 한다. 의좋은 친구인 두 사람은 함께 하이킹을 하면서 자연의 지속성과 인간 발명품의 지속성에 대해 이야기를 나누게 되었다. 한창 열띤 논쟁을 벌이던 중, 그들은 공교롭게도 높은 절벽의 끄트머리에 다가서게 되었다. 이때 갑자기 엄청난 돌풍이 불어와 한 사람을 휘몰아쳐 떨어뜨렸고, 그를 붙잡으려던 친구도 그만 함께 낙하산도 없이 절벽 아래 땅을 향해 떨어지는 신세가 되었다. 불길하게도 떨어지는 속도가 더해지는 것을 느끼며 생태학자가 외쳤다.

"이보게, 우리는 살아 있는 동안 이 논쟁을 해결할 수 없을 거야."

그러나 경제학자는 그를 무시하고 소리를 질렀다.

"20, 80, 160, 430."

마침내 최후가 다가왔고 생태학자가 어리둥절하여 외쳤다.

"자네 지금 뭘 하는 건가?"

그의 친구는 확신을 갖고 대꾸했다.

"가격이 충분히 올라가면, 누구든 우리에게 낙하산을 팔 거야!"

미국 항공우주국(NASA)의 전임 행정관으로, 나중에 제네럴 모터스 사의 연구 부사장이 된 로버트 프로슈(Robert Frosch)는, 이

산화탄소가 두 배로 늘어남에 따라 일어나는 온난화를 상쇄할
수 있을 정도로 햇빛을 반사시키기 위해서는, 얼마나 많은 전함
의 대포들이 하늘을 겨냥하고 성층권을 표적으로 먼지 폭탄을
쏴야 하는가를 계산하기까지 했다. 그는 이런 지구공학 계획에
드는 비용이 1년에 수십억 달러에 달하지만, 연료세에 비하면
적다고 주장했다.[15]

사람들의 간섭을 견뎌야 하는 생태계나 생물 종의 한정된
능력을 우려한 생태학자가 인류를 향해 그 짐을 줄여 달라고 권
고하면(경제적인 희생이 따르는 조정 작업을 통해서라도), 경제학자들은
다음과 같은 점을 상기시킨다. 비록 한정적이기는 하지만 모든
훌륭한 목적에 활용할 수 있는 인적 · 기술적 · 경제적 자원들이
있으며, 우리는 가능성 있는 모든 생태학적인 영향에 대비해서
울타리를 만들 만큼 여유 있는 상태가 아니라고. 우리는 우리가
멸종으로 몰고 간 종들을 다시 얻는 것은 말할 것도 없고, 병충
해 조절과 같은 자연 생태계의 모든 기능을 대신할 수 없다(아니,
그 방법조차 모른다.). 생태학자들은 일단 그것들이 사라지면 완전
히 사라지는 것이라는 점을 우리에게 분명히 일깨워 준다. 우리
환경의 미래를 저당잡히고 후손에게 해결책을 찾아내는 짐을

지우는 것은 훌륭한 관리 방식도 경제학도 아니다. 경제학자들은 이렇게 반박한다. 하지만 우리는 후손들에게 이 짐들을 잘 처리하는 데 도움이 되는 큰 부를 남기고 있지 않은가. 이런 문화적 대립을 가로질러 가치관의 균형을 발견하는 일은 정치적인 과정이 담당해야 한다. 그리고 그 과정은 우리의 가치관을 의사 결정의 가마솥 안에 자리 잡도록 하는 범위까지만 작용한다. 과장되고 황당한 논쟁에 휘말려 쉽사리 혼란에 빠지게 되면 이런 일을 하기가 특히 어렵다.[16] 종합 평가를 포함한 지구 시스템 과학의 지식은 그 논쟁의 혼란을 제거하는 데 도움이 될 것이다.

| 어떻게 보는가에 따라 다르다 |

록펠러 대학교의 경제학자이자 과학 기술 분석가인 제시 오슈벨(Jesse Ausubel)은 생태학자들이 곧잘 주장하는 것처럼 과학 기술이 질병보다 더 나쁜 치료법인지, 아니면 경제학자들이 분극화된 논쟁에서 계속 한목소리로 이야기하는 것처럼 그 반대인지에 대해 오랫동안 고심했다.

오슈벨은 인류가 자신들의 생명 유지 장치를 심하게 짓밟았다는 사실을 부인하지 않으며, 성장이 영원히 계속될 수 없다는 것을 인정한다. 그러나 그럼에도 불구하고 그는 무엇이 가능한가에 대한 과학 기술자들의 낙관론과 무엇이 이룩되었는가에 대한 경제학자들의 낙관론을 결합한다. 그는 "현대 경제가 체제적 효율의 극한에 도달하려면 아직도 멀었다."라면서, 시장의 효율성을 의심하는 생태학자들이나 과학 기술자들과 아주 비슷한 주장을 한다. 그는 계속해서 다음과 같이 말한다. "그러나 이는 좋은 소식이다. 왜냐하면 우리 사회는 공학자들이 이미 발명한 것을 따라잡으면서 획기적으로 '짐을 경감'시킬 수 있는 여지가 있기 때문이다." 오슈벨은 우리 사회가 활용할 수 있는 효율적인 과학 기술 중에서 극히 일부만 사용하고 있는 것을 보고 절망하기는커녕, 그것이 우리를 구제해 줄 것이라고 생각한다. 그는 "역사 기록을 살펴보면 세계는 지난 200년 동안 탄화수소의 잡탕 요리에서 탄소보다 수소 원자를 더 즐김으로써 에너지 식사의 양을 점진적으로 줄여 왔다는 것을 알 수 있다."라고 기술했다. "이런 모든 분석은 앞으로 100년 동안 인류 경제가 자체 시스템에서 대부분의 탄소를 제거하고, 천연 가스를 경유해서 수소 대사로 나아갈 것임을 뜻한다." 오슈벨은 이렇게 결론짓고 있다. "우리는 탄소 극소 배출을 향해서 올바른 방향으로 나아가고 있다. 길은 비록 멀지만, 우리는 바른길 위에 서 있는 것이다."[12]

대부분의 분석가들이 대재난만 없으면 현실화될 것으로 예상하는 두 배, 세 배로 늘어날 인구를 먹여 살릴 식량을 얻기 위해 반드시 필요한 땅은 어떻게 할 것인가? 이 점에 대해서도 오슈벨은 자연의 숲과 미개척지의 파괴를 통한 자연에 대한 위협을 인정하고 있으며, 자연계를 위해 땅을 원상으로 회복할 필요성을 부인하지 않는다. 하지만 오슈벨은 농업경제학자 폴 왜거너(Paul Waggoner)를 필두로 이루어진 연구 결과를 인용하면서, 그 해결책도 과학 기술에서 찾을 수 있을 것이라고 생각한다. 현재 개발도상국의 곡물 산출량은 워낙 낮기 때문에 개발도상국의 농민들이 그들의 생산 수준을 미국이나 유럽의 생산성 수준의 절반까지만 끌어올려도, "평균 100억 명의 사람들이 6,000칼로리의 식사(이는 오늘날의 풍족한 식사와 비교해 결코 뒤지지 않는다.)를 즐길 수 있고, 현재의 14억 헥타르에 달하는 농경지의 4분의 1을 여분으로 남겨 둘 수 있다. 이 남겨 둔 4분의 1의 땅은 알래스카의 두 배 정도 되는(또한 아마존 유역의 절반에 해당하는) 크기다. 미래의 농지에서 평균적으로 오늘날 미국의 옥수수 수확량만큼 산출해 낸다면, 미국식 식사를 하는 100억 명의 사람들이 오스트레일리아의 농경지가 다시 야생 지대로 되돌아가는 것을 내버려 둘 수도 있다."

그렇지만 1988년, 적당한 쓰레기 매립지를 찾아 수주일 동안 공해에 고립되었던 쓰레기 운반선의 악명 높은 방랑을 초래한 산더미처럼 많은 폐기물과 유독성 물질, 연료 쓰레기 더미는 어떻게 할 것인가? 이 문제에 직면해서는 인류가 자연의 일부가 되는 자연-사회 시스템과 관련해서 '산업생태학'이라는 새로운 문구를 만든 바 있는 오슈벨과 그의 동료 로버트 프로슈, 로버트 에어스(Robert Ayres) 등도 그리 자신만만하지 못하다. 산업생태학이 갖고 있는 하나의 교의는 '비물질화(dematerialization, 일정한 경제적 기능을 충족시키기 위해 사용되었던 물질의 무게가 시간의 흐름에 따라 감소하는 것)'다.[18] 산업생태학자들은 비물질화의 속도는 환경을 위해서는 엄청나게 중요하지만, "분명치 않다."라고 고백하고 있다.

그러면 대중 매체의 논쟁에서 반대자들로부터 재앙의 예언자라는 딱지를 얻은 유명한 자연생태학자 몇 사람의 의견과 이

런 산업생태학자들의 포괄적인 낙관론을 비교해 보자. 바로 스
탠퍼드 대학교의 폴 에를리히와 앤 에를리히(Anne Ehrlich), 그리고
영국 옥스퍼드 대학교의 노먼 마이어스(Norman Myers)다. 예를 들
어 두 에를리히는 장기적인 관점을 취한 뒤 이런 관점을 생물학
과 함께 엮어서, 왜 그토록 많은 사람들이 현실 상황과는 관계없
이 비관론보다 낙관론을 더 좋아하는가를 설명하려 한다.

사람들은 눈앞에 닥친 단기적인 '시련'에는 반응하지만 자신의
힘이 미치지 못하는 장기적인 '경향'에는 신경을 쓰지 않도록 생물
학적으로, 문화적으로 진화했다. 따라서 두려워하지 않는다. 우리
는 수월하지 않은 일을 할 경우에만, 다시 말해 점진적으로 보이는,
또는 거의 지각할 수 없는 변화로 보이는 것에 한정적으로 초점을
맞출 때에만 우리가 처한 곤경의 윤곽을 놀랄 정도로 분명히 파악
할 수 있다.[19]

그들은 지구 변화의 속도에 놀라움을 금치 못하면서, 우리
가 현재의 성장 패턴을 유지한다면 현실화될 가능성이 있는 기
근, 멸종, 유행병 같은 많은 재난을 애써 상세하고 분명하게 설

명한다.

　얼핏 보면 경제학자들과 생태학자들 사이에는 일반적으로 화해하기 어려운 불일치가 있는 것처럼 느껴진다. 그러나 경제학자 대 생태학자의 논쟁을 좀 더 깊이 분석해 보면 패러다임에는 차이가 많지만, 겉보기만큼 양자가 그렇게 멀리 떨어져 있지 않다는 것을 알 수 있다. 실제로 낙관론이나 비관론 자체가 중요한 것은 아니다. 분석가들은 똑같은 논점에 초점을 맞추고 있다. (1) 운이 따른다면, 우리는 100년 후에 안정적으로 지속될 수 있는 정상 세계를 만들어 갈 새로운 과학 기술을 갖게 될 것이다. (2) 운이 없으면, 우리는 일상적인 경제적 외부성과 지탱할 수 없는 무한한 팽창의 한계를 무시한 결과 자꾸만 더해 가는 생태적 · 인간적 비극에 직면할 것이다. 명백한 차이는 가능성이다. 틀에 박힌 경제학자들은 전형적인 경제적 · 정치적 도구를 때맞춰 이용하면 버틸 수 있을 것이라고 낙관한다. 한편 생태학자들은 자연의 탄력성에 대해 훨씬 비관적이며, 장기적인 불길한 경향을 적시에 예견하고 성공적으로 그것을 뒤집을 인간의 능력에 대해서는 더욱 비관적이다.

　아이러니컬하게도, 마이어스[20]와 에를리히가 쓴 수많은 책들을 읽어 본 사람이라면 누구든, 그들의 해결책들이 낙관적인 경제학자들이 제시한 해결책과 사실상 많은 부분에서 일치한다는 것을 발견할 수 있을 것이다. 더욱 효율적인 과학 기술, 더욱 빠른 실천, 적절한 가족 계획 활동, 부국에서 빈국으로의 과학 기술 이전, 더 나은 교육 제도, 전 세계적인 네트워크 시스템에 대한 연구, 개발의 증진 등으로 이어지는 매우 긴 일람표가 그것이다. 그렇다면 근본적인 논쟁점은 어디에 있는가? 그것은 대재난의 가능성에 대한 개인적인 신념이나 취향에 불과한가? 그렇지는 않다. 나는 적어도 한 가지는 본질적인 불일치가 있다고 생각한다. 생태학자들은 불길한 경향성을 두려워할 만한 충분한 이유가 있다면, 경제가 보여 준 과거의 수행 능력과 미래의 잠재적인 능력만으로는 충분치 않다고 본다. 그들은 또한 그 위협을 둔화시키기 위한 구체적인 조치가 있어야 한다고 생각한다.

생태학적 패러다임과 경제학적 패러다임의 가장 큰 차이는 주로 다음과 같은 두 가지 논점에 기초하고 있다. (1) 엄청나게 증가한 인구와 고도로 발전한 과학 기술 그리고 거대한 생산 활동의 규모를, 생태학적으로 지속 가능하게 유지할 수 있을까?

(2) 생태계 서비스가 줄어들어도 그것이 상대적으로 중요하지 않거나, 아니면 인류의 경제 활동에서 나오는 다른 제품에 의해 대체될 것인가? 책임 있고 정직한 토론자들은 대개 이런 문제에 확실히 대답할 수 없다는 데 동의하지만, 지구가 낙관적인 또는 비관적인 결과를 갖게 될 가능성에 대해서는 대립한다. 기술적인, 또는 경제학적인 낙관론자들은 환경이 위험하다는 것을 인정하고, 이런 위험을 줄이기 위해 인간의 창의성을 더 집중시킬 수 있는 수많은 정책 수단들을 제시한다. 비관적인 과학 기술자들이나 생태학자들에 대해서도 똑같이 말할 수 있을 것이다. 그러나 그들은 인류가 가진 계획의 총체적인 규모에서, 인구나 경제의 크기에서 극적인 반전이 일어나기를 기대한다. 지속 가능성을 해치는 일들로 인해서 전 세계가 파멸하는 위험을 무릅쓰지 않기 위해서이다. 그들의 해결책이 모두 같지는 않다. 그리고 그들의 해결책은 낙관적이거나 비관적인 수사법의 안개에 가려 있다. 그럼에도 불구하고 그들은 놀랄 정도로 많은 공통된 해결책을 갖고 있다.

과정은 가장 중요한 성과다

논쟁에 참가한 어느 한편이 진리의 자물쇠를 갖고 있다고 믿으면서 너무 크게 위안을 받거나 상심하는 것은 매우 잘못된 생각이다. 예측하건대 서로 다른 특수한 경우에서 양측 모두 옳다는 결과가 나올 가능성이 가장 높다. 예측된 환경 위기 중에서도 미미하게 꼬리를 감춰 버리는 것이 있을 테고, 반면 오존 구멍이 그랬듯이 발생하기 전까지는 거의 감지되지 않았다가 갑자기 기습적으로 나타나는 환경 위기도 있을 것이다. 분명한 것은 이런 행운과 불운의 반복이 계속되리라는 점이다. 또한 환경 문제들은 점차 지구 규모로 커져 되돌릴 수 없는 것이 될 것이다. 미래의 잠재된 위기를 최소화하기 위해서 현재의 자원을 얼마나 투자해야 하는지를 빨리 결정해야 한다. 이 점에서 지구 시스템 과학의 종합 평가 부분은 정책 입안자들이 좀 더 확고하고 사실에 입각한 근거에서 의사 결정을 내리게 하는 데 유용한 역할을 수행할 수 있다.

내가 많은 하위 구성 요소 간의 상호 연결을 필요로 하는 종합 평가 모형의 양적 결론을 문자 그대로 받아들인다는 뜻에

서 이런 이야기를 하는 것은 아니라는 점을 다시 한번 강조하고
싶다. 이런 하위 구성 요소 중 그 어느 것도 상호 연결된 물리
적·생물학적·사회적 하위 시스템을 정확하게 설명할 수 없
다. 그리고 이런 하위 시스템들은 하나로 통합되어야 한다. 종
합 평가의 정책 결정의 가치는 오히려 '과정 자체'에 있다. 나는
이 사회와 자연의 모형에서 상호 연결된 모든 하위 구성 요소의
높은 불확실성을 가정한다면, 대중이나 그 대표들이 어떤 분석
적 방법에만 의거하여 정책을 결정하는 것은 위험한 환상일 것
이라고까지 말했다. 그러나 종합 평가의 도구가 표현하는 복잡
한 내용은, 우리의 환경적·경제적 미래를 위해 명료하게 진술
된 가정들의 논리적 결과가 무엇인지를 알고 싶어 하는 모든 사
람들에게 분명히 밝혀지고 개방된다. 정책 입안자는 얼마나 복
잡한 상호 작용이 인류의 특정한 활동이나 정책의 환경적·경
제적 위험을 증대시키거나 감소시킬 수 있는가에 대한 사용자
의 직관적 이해를 높이기 위해서 종합 평가 도구를 분석용 도구
로 이용한다. 그렇게 함으로써 실제 시스템의 가능한 행동에 대
해 많은 것을 배울 수 있다. 탄소가 비교적 적은 연료보다 석탄
에 의존할 때의 환경 비용을 분석할 수 있는 것과 마찬가지로,

우리는 선택적인 조세 정책의 환경적인 편익과 경제적인 비용을 계산할 수 있다.

결국은 대개 주관적으로 결정되는 하나의 가능성만을 어느 하나의 특정한 결과에 적용할 수 있다. 그러나 그 과정에 참여함으로써, 그리고 컴퓨터 시뮬레이션 장치에서 그 시스템의 다양한 물리적·생물학적 부분 사이의 관계를 바꾸는 게임을 함으로써, 또는 정책을 바꾸고 모형에게 그 정책의 여러 결과가 어떻게 나올 것인지를 평가하도록 함으로써 정책 입안자는 보다 넓은 견문을 갖게 될 것이다.

정책 결정이란 대개 구성 요소에 대한 불충분한 정보를 갖고 대안이 되는 것들의 위험과 이익을 저울질하는 직관적 가치 판단이다. 수량화할 수 있는 문제의 구성 요소를 무시하는 것은 그 구성 요소만을 설명하는 시뮬레이션의 결과가 올바른 정책을 선택하는 단 하나의 합리적인 근거라고 믿는 것만큼이나 어리석은 일이다. 우리가 진정 배울 수 있는 것은 '해답' 속에서가 아니라 실천 속에서다. 따라서 이 경우에는 과정이 가장 중요한 성과인 것이다! 문제는 이러한 학습 활동에 기꺼이 참여할 정책 입안자를 찾는 것이다.

의사 결정은 가치관과 관련된 일이기 때문에 본래 과학적 활동이 아니라 사회적 활동이다. 과학에서 진리를 확정하는 일조차도, 설득력 있는 실험을 하고 그 사회의 지혜(더 세련되지 못한 용어로 표현하면 그 사회 엘리트층의 이해)를 구해 지식에 대한 평가가 이루어지기 전까지는, 최소한 단기적으로는 대부분의 과학자들이 인정하고 싶지 않을 정도로 사회적인 활동이다. 이런 사회적 활동은 어떤 실험을 시행하도록 재원을 마련할지를 포함해서 과학자들이 그 다음에 해야 할 일들을 이끌어 낸다.

합의의 주체는 누구인가?

몇몇 사회과학자들과 철학자들은, 논리적으로 과학은 정치적인 힘과 견해 그리고 가치관이 슬며시 침투해 들어가는 다른 활동과 마찬가지로 불합리하다고 지적하기를 좋아한다. 그럼에도 불구하고 나는 솔직히 대부분의 과학적 활동은 정치인들의 인기 몰이 같은 비과학적 행동을 의식적으로 최소화하려고 노력하고 있다고 믿는다. 따라서 실제로 그 종사자들이 공언하는 것만큼 가치 판단을 배제하지는 않지만, 과학은 객관적인 도구인 과학적 방법을 이용해서 이론 또는 가설이라고도 알려져 있는 기존의 관점을 시험하고 또 시험한다. 하지만 과학의 상태가 커다란 불확실성에 사로잡혀 있고 저널리스트라는 귀를 통해서 의사 결정의 내용을 듣게 될 때, 과학은 거대한(때로는 그렇게 거대하지 않은) 사회 활동의 일부가 된다.

우리가 합의한다고 해도 신빙성의 문제는 여전히 남는다. 이는 지혜를 구하고 그 견해를 과학적으로 발전시키는 데 참여할 공동체의 구성원들을 정하는 문제다. 이런 총괄적인 설명을 듣고 난 뒤에야, 탄소세의 액수를 정하거나 급격한 기후 변화에 대비한 울타리로서의 야생 생물 보호 구역과 그 구역들을 연결하는 생태 통로를 건설하기 위한 토지 매입을 점차 증대시키는 일과 같은 정치적 사업을 실현할 수 있을 테니까 말이다. 다시 말해 그 문제는 이 과학적 합의 형성의 선거에 있어 어떤 전문가들에게 투표권을 줄 것인가 하는 것이다. 이 경우에는 그 결과에 정치적·경제적 이해를 갖고 있는 사람들 사이에 논쟁, 과대 광고, 인신공격이 난무할 가능성이 매우 크다. 어떻게 이런 식의 캠페인을 꿰뚫어 볼 것인가를 배우는 문제는 전적으로 우리의 몫이다.

과학의 정상적인 과정을 통해 진리(어떤 일이 일어날 것인가에 대한 확실한 여론 평가)가 드러날 때까지는 입을 다물고 있는 것이 좋다고 주장하는 과학자들은, 확고한 합의가 없을 때 개인이나 단체 또는 정부의 의사 결정은 대개 결과를 가장 훌륭하게 추정한 평가에 근거하고 있다는 사실을 간과하고 있다. 이것이 바로 사람들이 보험에 가입하고, 투자하고, 의학적인 선택을 평가하는 방법이다. 최고의 기술을 이용한 전문가의 평가도 사회적인 기능인 것은 분명하며, 따라서 여기에 참여한 우리 모두가 어느 정도는 주관적인 견해에 의해 영향을 받을 가능성이 있다. 그러나 군사 문제나 의료 문제, 경제적 위험, 미래의 이자율, 그리고 커다란 불확실성에 직면해서 결정을 내릴 필요가 있는 사회적으로 중요한 거의 모든 다른 분야의 평가 역시 마찬가지 상황에 놓여 있다.

그 뒤의 과학 정책 결정의 사회적 문제는 광범위한 일단의 관련 전문가들이 생각하고 있는 일이 실제로 일어날지 모른다는 것과, 이런 일이 발생할 가능성이 얼마인가를 비전문가 사회에 어떻게 전달할 것인가 하는 점이다. 물론 가장 중요한 것은 그런 일이 일어났을 때 환경과 사회에 어떤 영향을 미칠 것인가를 설명하는 일이다. 그 합의 평가의 과정은 본질적으로 사회적 활동이고, 따라서 과학적 방법이 직접 적용되지 않는다. 그리고 이 점이 많은 과학자들을 초조하게 한다.

어떤 특정한 이론의 타당성을 평가하거나 특정한 결론의 가능성을 추정하고자 하는 개인과 집단이 이런 과학적 방법을 적용한다. 그러나 결정적인 실험이 없을 때, 다양한 개인과 집단들은 제각기 다른 전문가들의 견해를 취하기 쉽다. 몇몇 박식한 전문가 집단이 전개하는 의견은 언제라도 사회적 의사 결정 과정에서 필요한 과학적 자료가 된다. 어떤 단계에서는 전문가의 의견을 참고로 한 이런 합의의 추정 과정을 통해서 과학 정책을 수립하는 것이 필요할 것이다. 자신들이 선호하는 전문가의 의견만 요약한 특정한 이해 집단의 보도 자료를 팩시밀리를 이용해서 세계 곳곳의 힘 있는 기관으로 보내는 방법(나는 연단에 서면 이런 일을 가리켜 '한 번의 팩스, 한 표 증후군'이라고 말한다.)보다는 투명한 방법을 사용해서 숨김없이 정식으로 그 일을 하는 편이 낫다.

카네기 멜론 대학교의 공학 및 공공정책학과에서는 지구의 기후 변화에 대한 공개 토론회에서 나타난 수준 낮은 교양에 대한 난감함을 과학적인 조사로 승화시켰다.[21] 1994년 미국 곳곳에 있는 16명의 과학자들은 설문 조사의 기술이 허락하는 한 공정하게 만든 일련의 질문을 받았다. 이 조사단의 통합 평가인단 (이들은 기후 변화의 문제가 가벼운 위협인지, 아니면 심각한 위협인지에 대해 사전에 어떤 분명한 견해를 갖고 있지 않았다.)은 이렇게 선택된 과학자들을 다양한 견해를 가진 박식한 전문가 집단을 대표하는 사람들로 생각했다. 한 가지 질문을 예로 들어 보면, 이산화탄소가 지금의 두 배가 된다고 가정했을 때, 세계가 주어진 지구 평균 표면 온도까지 온난화될 가능성에 대한 이른바 누적 확률 분포도를 그리라는 것이었다. 선택된 16명의 과학자(이들은 모두 이 분야에서 연구하는 기후학자, 해양학자, 기상학자 등이었다.) 중에서 15명이 비슷한 누적 확률 함수를 그렸다. 15개의 그래프는 양적인 세부 사항은 다르지만, 기본적으로는 모두 같아 보였다. 모두 음수나 섭씨 1도 이하의 기후 변화에 대해, 유의미하기는 하지만 비교적 확률을 낮게 설정한 것이다. 여기서 낮은 확률이란 5~20퍼센트를 뜻한다. 다시 말해 16명의 과학자 중 15명은, 21세기에는 인류의 활동으로 인한 기후 변화가 상대적으로 무시해도 될 만큼 작을 것이라는 의견에 대해서, 그런 결과가 나타날 확률은 낮다고 말한 것이다. 그러나 그들은 21세기에 현실화될 가능성이 가장 높은 지구의 기후 변화 수준을 섭씨 1~4도로 보았다.

이는 지난 20년 동안의 국가적·국제적 표준 평가에서 수렴된 합의와 상당히 가까운 값이다.

또한 16명 중 15명의 과학자들은 누적 확률 분포도를 통해서 불쾌한 가능성이 남아 있다는 것, 다시 말해서 섭씨 4도 이상의 놀라운 기후 변화가 일어날 수 있는 무시할 수 없는 가능성이 있다는 데 동의했다. 일부는 이러한 기습 시나리오에서 섭씨 10도 이상의 온난화를 예측한 분포도를 그렸다. 그들이 (나와 마찬가지로) 이런 일이 일어날 확률을 20퍼센트 이하로 보고 있지만, 대재난이 일어날 10퍼센트의 잠재적인 가능성은 분명 대부분의 사업주나 개인을 자극해서 이런 결과에 뒤따를 손실을 고스란히 뒤집어쓰는 것을 피하기 위해 보험에 가입하거나, 또는 좀 더 유익하게 그것이 일어날 가능성을 줄이는 조치(전략적 안보 문제와 관련된 말투를 빌리자면 '억지력 확보')를 취하도록 할 것이다.

이들의 합의에 유일하게 동조하지 않은 열여섯 번째 과학자는 누구였을까? 이 완고한 비타협적 인물은 지구 온난화를 다루는 과학과 과학자들에게 혹평을 일삼는 매사추세츠 공과 대학의 리처드 린드젠(Richard Lindzen)이었다.

린드젠은 지구 온난화 문제의 공개 토론 과정이 비과학적이고 시기상조라며 비웃었다. 그 후 좌담 프로그램의 진행자 러시 림보프(Rush Limbaugh), 《월스트리트 저널》과 《케이토 비즈니스 리뷰(The Cato Business Review)》의 사설, 그리고 석탄 채굴 이익 단체가 제작한, 이산화탄소를 지구에 유익한 것처럼 표현한 비디오들은 이런 이야기를 앵무새처럼 되풀이했다. 린드젠은 지구 변화는 십중팔구 하찮은 결과만 초래할 것이라고 말한다. 얼핏 보면 그의 그래프는 15명의 동료들의 그래프와 똑같은 것처럼 보인다. 그러나 자세히 들여다보면 좌표의 가로축을 따라 맨 오른쪽에 있는 숫자가, 최대의 온난화 사건으로 여겨지는 섭씨 10도가 아니라 섭씨 1도라는 것을 발견할 수 있다. 린드젠은 상대 토론자들에게 자신의 과학적 판단으로는, 이산화탄소가 두 배가 되었을 때 초래할 온난화 수준이 섭씨 1도보다 커질 가능성은 2퍼센트 이하라고 말했다. 다른 15명의 과학자들이 모두 소규모의 온난화(섭씨 1도 이하)가 있을 수 있다는 데 동의했고, 이런 결과가 나타날 확률을 5∼20퍼센트로 설정했다는 점을 상기해 보라. 결국 우리 중 그를 제외한 나머지 사람들은 모두, 온도가 그

리 높이 상승하지 않을 가능성은 인정하지만 아주 높이 상승할
가능성도 부정하지 않았다.

그러나 대중 매체에서 활동하고 있는 린드젠과 일단의 과
학자들은, 자신들은 미래에 대한 특별한 지식을 갖고 있기 때문
에 실제로 이 분야를 전공한 다른 모든 사람들이 주장하는 것들
을 매우 불확실한 것이라고 거듭 주장한다. 어떤 무시할 수 없
는 결과가 일어날 확률은 실제로 0이라는 것이다. 오늘날 아무
도 명확한 정의를 내릴 수 없는 되먹임 메커니즘과 관련한 광범
위한 불확실성을 고려할 때, 나는 이런 독선은 과학적으로 터무
니없는 판단이라고 생각한다. 더욱이 그것은 앞에서 이야기한
점점 더 증가하고 있는 기후 지문의 증거를 무시한 것이다.

| 기후학의 코페르니쿠스? |

설문 조사에 참여한 사람들 중 15명이 틀리고 린드젠이 옳
을 가능성도 있다. 실제로 우리는 그럴 가능성이 10퍼센트 정도
라고 보았다. 그의 생각에는 어떤 소설과 같은 분위기도 존재한
다. 공상 과학 영화를 보면 대중에게 분연히 떨치고 일어나, 모
든 사람들이 동의하는 어떤 프로젝트가 지구를 파괴할 것이라

든지, 방사성 괴물을 만들 수 있다든지, 일반 통념에 반하는 다른 무시무시한 결과를 낳을 수 있다고 주장하는 용감한 과학자들이 종종 등장한다. 또한 현실적인 이야기에서도 일반적인 사회 통념에 용감히 맞서는 사람들을 영웅으로 정의하는 일이 많다. 갈릴레오와 그의 망원경은 천동설과 그것을 진리로 선포한 교회 당국의 진실성에 심각한 타격을 가했다. 권력 기구도 소극적으로 반응하지 않았다. 정설에 대한 우리의 사고방식을 바꾸어 놓은 사람들은 (마침내) 칭송을 받는다.

그리고 당연히 그래야만 한다. 양심적인 반대를 실천하는 것은 용감한 행위이기 때문이다. 실제로 모든 사람이 합의한 과학은 이치에 닿지 않거나 위험할 정도로 완고한 견해를 낳을 수 있다. 그 점에 대해서는 나도 리처드 린드젠과 같은 생각이다. 시간이 흐른 뒤, 잘못된 생각을 되돌려 놓기 위해서는 과학적인 회의(懷疑)의 절차와 공개 과정이 필요하다.

모든 프톨레마이오스를 위하여 마침내 한 명의 코페르니쿠스가 나타나게 될지는 모르겠지만, 나는 모든 진정한 코페르니쿠스에 대해서는 적어도 사칭하는 사람이 1,000명은 있다고 확신한다. 또한 대부분의 쟁점에 대해서는 일반 통념이 어느 정도

옳은 것으로 드러나고 있다. 불행하게도 대중 매체와 정치 과정은 서로 싸우면서 진리를 주장하는 박사 학위 소지자 모두에게 똑같은 무게를 두는 일이 너무 많다. 반면에 '미국 국립 연구 협의회', 국제 연합의 '기후 변화에 관한 정부 간 협의체', 또는 특수한 사례인 카네기 멜론 대학교 연구진에서 실시한 것과 같은 과학적 평가 과정은 국외자의 견해를 정량화하고 최신 기술을 가진 주류에서 격리시키려고 한다. 때로는 주류 밖의 사람들이 옳을 것이다. 그들의 견해에도 귀를 기울여야 하지만, 그것을 동등한 가능성을 가진 것으로 제시해서는 안 된다.

그러므로 환경 대 개발의 정책 결정과 관련한 사회적 과정에 작용할 수 있는 최선의 판단은 지식 사회의 전형적인 표본이 과학적 가능성에 근거해 내린 종합적인 판단에 기대야 한다. 그리고 이 과정이 매우 자주 되풀이되어야 한다. 새로운 지식은 매우 빠르게 나타나고 있으며, 이런 발견들을 감안해서 우리의 정책 방향을 재고해야 하기 때문이다. 나는 이런 것을 가리켜 순환하는 재평가 과정이라고 한다.

어느 날엔가 일반 통념이 틀리다는 것을 증명할 기후학의 코페르니쿠스가 저편에서 나타날지도 모른다. 하지만 그때 나는 정치가들에게 박식한 전문가들의 광범위한 단면을 표본 추출하여 결정한 다수의 의견과 내기하라고 요청할 것이다. 이런 조사 과정은 결코 대중 매체가 주장하는 균형의 유지가 아니다. 대중 매체에서는 서로 대립하는 양극단이 화해할 수 없는 논쟁 속에서 무턱대고 서로 맞붙게 되는 일이 많다. 따라서 여기에는 마치 어떤 일이 가능하다고 믿는 식자는 한 사람도 없으며, 이런 국외자의 견해가 갖고 있는 상대적 가능성이 다른 모든 가능성을 대변하기라도 하는 것처럼 보이게 된다. 이런 조사 과정은 또한 정치적인 반대자들이 선택한 전문가들이 정치적인 균형을 유지하려는 행위도 아니다. 이렇게 대립적이고 격앙되고 왜곡된 상태에서는 적절한 정책 활동에 관한 합리적인 공개 토론회를 갖는 것이 불가능하다.

무엇을 할 수 있는가?

나는 환경 대 개발의 영역에서는 의사 결정이 위험을 무릅쓸 것인가에 대한 가치 판단(여러분이 위험을 무릅쓴다면 그건 도박이 된다.)이라고 거듭해서 이야기했다. 종종 나타나는 당혹스러운 복잡성에도 불구하고, 가치를 선택하는 일은 통계학이나 정치학 또는 지질학의 박사 학위 소지자를 필요로 하지 않는다. 국민들은 오히려 일반인이 이해할 수 있는 평범한 비유와 일상적인 언어를 사용한 단순한 설명을 필요로 한다. 전 세계 사람들이 일상적인 업무 활동과 지속 가능한 환경 관리 사이의 관계를 인식하는 것은, '보통' 사람의 상식이 달갑지 않은 정치꾼과 막후 인물에게는 위협이 될 수도 있을 것이다. 그러한 인식은 어떤 특수한 이해 당사자가 교묘한 광고나 사설로 포장해 놓은 단순한 해결책에 우롱당하지 않을 지식을 가져다줄 수도 있다.

기후 변화와 같은 지구 변화의 문제를 처리하기 위해 고려할 수 있는 조치에는 무엇이 있을까? 다음 목록은 미국 국립 연구 협의회가 1991년에 실시한 여러 전문 분야에 걸친 사업체, 대학, 정부의 평가를 통해 얻은 합의다. 이렇게 이념적으로 다양한 그룹(경제학자 노드하우스, 기업 경영자 프로슈, 기후학자 슈나이더가 포진하고 있었다.)이 미국이 적절한 정책을 시행하기만 한다면, 낮은 비용으로, 또는 어느 정도 저축을 하면서 자국의 온실 기체 배출량을 1990년 수준의 10~40퍼센트까지 줄일 수 있다는 데 동의한 사실은 매우 고무적인 일이다. 다음은 협의회가 제안한 목록이다.

1. 염화불화탄소(CFCs)와 다른 불화탄소 화합물의 방출을 적극적으로 해소하고, 온실 기체의 배출을 최소화하거나 제거할 대체물을 계속 개발한다.

2. 에너지에 대한 '총사회적 비용의 가격 평가'를, 이러한 시스템의 점진적 도입이라는 목표 아래 자세히 연구한다. 오염자 지불 원칙에 근거하여, 에너지 생산과 이용의 가격 평가에 관련된 환경 문제의 총비용을 반영해야 한다.

3. 에너지를 이용하고 소비하는 동안 보존성과 효율성을 강화함으로써 온실 기체의 배출을 줄인다.

4. 미래의 에너지 공급 방안에 대한 계획을 수립할 때 온실 효과로 인한 온난화를 주요 요소로 삼는다. 미국은 종합 에너지 시스템의 경제성과 수행 능력을 향상시킴에 있어서, 공급, 전환, 최종 용도, 외적 영향 사이의 상호 작용을 고려하는 시스템 접근 방식을 채택해야 한다.

5. 전 세계의 삼림 벌채를 줄인다.

6. 국내의 적절한 재조림 프로그램을 연구하고 국제적 재조림 노력

을 지원한다.

7. 기본적 · 응용적 · 실험적 농업 연구를 지속함으로써 농민과 유통 체계가 기후 변화에 적응해서 충분한 식량을 확보할 수 있도록 한다.

8. 물 시장을 통한 이용의 효율성을 높이고 현재의 물 공급 시스템을 더욱 잘 관리하여 현재의 가변성에 대처함으로써 물 공급이 보다 확실하게 이루어지도록 한다.

9. 기후 변화의 가능성을 고려해서 수명이 긴 구조물에 대한 안전성의 한계를 계획한다.

10. 현재의 생물 다양성의 손실을 줄이기 위한 조치를 강구한다.

11. 지구 온난화를 상쇄할 지구공학적 선택 사항의 잠재력과 부작용의 가능성, 두 가지 모두에 대한 우리의 지식을 증진시킬 연구 개발 프로젝트에 착수한다. 이는 지구공학적 대안을 바로 시도해야 한다는 권고가 아니라, 그것이 갖고 있을 수 있는 장단점에 대해 우리가 더 많은 것을 배워야 한다는 뜻이다.

12. 인구 증가율의 조절은 생활 수준을 향상시키고 온실 효과에 의한 온난화 같은 환경 문제를 완화하는 데 크게 기여할 수 있다. 미국은 인구 증가율을 줄이기 위한 국제 프로그램에 다시 적극

적으로 참여해야 하고, 그 프로그램의 재정 지원에서 미국○ 부
담한 액수를 제공해야 한다.

13. 미국은 적절한 수준의 관리들을 동원해서, 외교 협정과 연구 개
발 노력을 포함한, 온실 효과에 의한 온난화를 설명할 프로그램
과 국제 협약에 적극적으로 참여해야 한다.

이는 참가자들의 다양한 전력과 그들의 서로 다른 이념적
인 배경을 놓고 볼 때 주목할 만한 목록이다. 그러나 전문가들
의 면전에서 열린 공개 토론회라는 시련 속에서, 이기적인 논쟁
과 대중 매체를 의식한 토론은 비생산적이거나 쓸모없는 짓이
다. 이 그룹은 대재난이 필연적이라고 주장하지도, 일어나지 않
을 것이라고 주장하지도 않았다. 우리는 다만 신중을 기하기 위
해 "커다란 불확실성에도 불구하고, 온실 효과로 인한 온난화는
현재의 조치를 정당화하기에 충분한 잠재적인 위협이다."라고 썼
다고 믿었다. '국립 연구 협의회 보고서'가 제시한 정책 선택의 종
합 평가는 여러 가지 모형과 더불어 적극적으로 추진되고 있다.

하지만 13개항의 권고가 실려 있는 이 포괄적인 목록은 여
전히 두 가지 근본적인 면을 묵살하는 것으로 보인다. (1) 지구

변화에 대한 지적이고 비논쟁적인 공개 토론회, (2) 학생들에게 독립되고 전문화된 전통적 분야는 물론, 총체적 시스템과 장기적인 위험을 처리하는 방안도 가르치는, 서로 다른 학문 분야의 공동 연구에 관한 공교육. 이 두 가지의 절실한 필요성이 바로 그것이다. 이런 요소들 없이는, 장기적이고 전 지구적인 목표를 위해 막대한 국가 재원을 투입해야 하는 정책들이 대중의 전폭적인 지지를 얻기 어려울 것이다.

| 환경과 개발 또는 환경 대 개발 |

미국 국립 연구 협의회의 보고서가 국제적 차원의 지구 변화와 관련한 정책 결정의 중요성을 인정한 것은 사실이지만, 여전히 그것은 선진국의 견해였다. 선진국은 개발도상국과는 전혀 다른 견해를 갖는 경우가 많다. 개발도상국들은 우선 무엇보다도 문맹률과 사망률을 낮추고, 평균 여명(life expectancy, 사망수 통계에 입각해서 산출한 어떤 연령의 사람이 금후 생존하리라고 예상되는 평균 연수—옮긴이)을 높이고, 늘어나는 인구에 일자리를 제공하고, 국민과 환경의 건강에 위급한 위험을 초래하는 지역의 대기 오염과 수질 오염을 줄이기 위해 애쓰고 있다. 더 성숙한 경제 대국

과 비교할 때, 생물 종의 보호나 기후 변화를 둔화시키는 등의 일은 그들의 우선 순위 목록에서 저 밑에 있을 뿐이다. 거의 모든 영향 평가들이 기후 변화 때문에 가장 피해를 입기 쉬운 나라들이 바로 이 개발도상국들이라는 것을 시사하고 있음에도 불구하고, 이 나라들이 지구 변화의 저지를 우선 순위 목록에서 아래쪽에 놓는 것은 이해는 되지만 아이러니컬하다.

　'한계 달러'라는 경제학의 관용구가 있다. 우리의 맥락 속에서 이 말은 상호 연관된 물리적·생물학적·사회적 시스템의 모든 복잡성을 전제로 했을 때, 최대한의 사회적 수익을 가져오기 위해서 이용 가능한 달러를 투자할 다음 최적지가 어디인가 하는 뜻이다. 나는 개발도상국의 많은 대표자들이 가난을 퇴치하고, 예방 가능한 질병을 근절하고, 부정 부패를 바로잡고, 경제적 형평을 이룰 때까지는, 귀중한 자원을 이런 우선 사항에 투자할 것이라고 공언하는 것을 들었다. 이에 대한 내 대답은 기후 변화가 그들이 처리하고자 하는 모든 문제를 악화시킬 수 있으므로, 우리는 기후 변화의 위험성을 줄이는 동시에 경제 발전도 돕는 방향으로 투자가 이루어지도록 애써야 한다는 것이었다(여기에 딱 들어맞는 사례로는 효율적인 과학 기술의 이전이 있다.). 가

공의 '한계 달러'라는 잘못된 논리에 빠지는 것은 중대한 실수다. 왜냐하면 다음에 이용할 수 있는 달러를 한푼도 남기지 않고 모두 우선적으로 처리해야 할 문제들에 투자하면서, 나머지 문제들은 모두 우선 순위 1번을 받을 때까지 대기하도록 할 필요는 없기 때문이다. 내게 있어서 제일 먼저 해야 할 일은, 우선적으로 처리해야 할 연결된 많은 문제 모두를 최소한 부분적으로라도 처리할 수 있도록 그 한계 달러를 잔돈으로 바꾸는 것이다. 많은 인생사와 자연사의 비용과 수익을 둘러싸고 있는 거대한 불확실성의 상태를 가정하면, 많은 문제를 동시에 처리하고, 어떤 투자가 효과를 나타내고 있고, 지구 변화를 포함한 어떤 문제들이 다소 심각하게 증대하고 있는가를 끊임없이 재평가하는 일(순환하는 재평가 과정)이 가장 현명한 것처럼 느껴진다.

　　물론 투자를 하려면 자금이 필요하고 이용할 수 있는 자본의 대부분은 선진국이 갖고 있기 때문에, 경제적 형평성과 사회 정의의 문제를 환경 보호 문제와 저울질하기 위해서는 국제적인 협상이 필요하다. 이른바 '지구 차원의 교섭'인 것이다. 이런 협상들이 현재 국제 연합의 후원 아래 진행되고 있는데, 세계 각국의 갖가지 이해 관계와 인식을 비교 검토하는 조약 원안을

작성하기까지는 수년이 걸릴 것으로 보인다.[22]

앞서 인용한 미국 국립 연구 협의회 그룹의 권고 대부분은 선진국 정부를 겨냥한 것이지만, 개인과 좀 더 작은 규모의 회사에도 이와 유사한 권고를 할 수 있다. 나는 이런 이야기가 마치 설교처럼 들린다는 것을 안다(이는 모든 사람이 한 표 차로 선거에서 이기는 사람은 없다는 것을 알고 있는데도, 그들에게 여러분의 한 표가 차이를 만들 수 있다고 이야기하는 것과 마찬가지다.). 그러나 방을 나갈 때 전등이나 텔레비전, 컴퓨터를 끄는 일은 중요하다. 예를 들어 만일 각 선거구에서 한 명씩만 더 패자에게 표를 던졌다면 여러 선거의 결과가 달라졌을 것이다. 마찬가지로 50억 명의 사람들이 이런 식으로, 즉 1년에 각자 1,000번씩 에너지를 절약하면 저축은 불어난다. 더욱이 이런 일을 하는 것은 우리가 효과적으로 지구 변화를 늦추고 싶다면 반드시 해야만 하는 생활에서의 수많은 작은 변화들을 위한 올바른 모범이 된다.

예를 들어 여러분이 냉장고를 한 대 사려고 하는데, 두 모델이 모양도 비슷하고 똑같은 것처럼 보이지만 하나는 1,000달러고 하나는 900달러라고 하자. 어떤 것을 사겠는가? 아마 싼 것을 살 것이다. 하지만 이때 만일 여러분이 에너지 효율이 표시된 라벨을 읽어 본다면, 900달러짜리 냉장고는 1,000달러짜리 냉장고보다 에너지가 좀 더 많이 든다는 사실을 발견할 수 있을 것이다. 1,000달러짜리 냉장고는 단열 장치가 더 잘 되어 있으므로 생산 비용이 더 많이 들었을 것이다. 이제 우리가 해야 할 일은 라벨에 써 있는 정보를 보고, 절전이 더 잘 되는 냉장고를 살 경우 매년 얼마만큼의 전기료를 아낄 수 있는가를 잠시 암산하는 것이다. 그 액수가 1년에 25달러라고 해 보자. 그러면 4년 안에 우리는 이미 치른 100달러를 되돌려 받는 셈이고, 냉장고의 수명이 보통 10~15년이라 할 때 우리는 실제로 더 많은 이득을 보게 될 것이다. 동시에 에너지를 적게 사용한다는 것은 오염을 덜 유발한다는 뜻이므로, 우리는 환경에 이로운 일을 하는 것이다. 일반적으로 이런 시장과 관련이 없는 기쁨은 현실적인 사회적 가치이기는 하지만, 생산비에는 포함되지 않는다.

우리는 모두 언젠가는 자동차를 교체해야 한다. 다음에 차를 교체할 때는 연비에 대한 내용을 한 번 읽어 보자. 가장 크고 가장 빠른 차를 갖는 것이 정말 그렇게 중요한가? 환경을 지키면서 동시에 우리의 주머니 사정에도 도움이 되는 차를 사면 좋지 않을까? 그렇다면 당연히 연비가 더 높은 차를 사야 한다.

정치가들은 자신의 선거구민들의 욕구에 반응하는 데는 탁월한 재주가 있다. 우리가 우리의 의견을 전달할 때 특히 그렇다. 우리가 정치 지도자들을 다그쳐 창조성을 갖고, 가정에서 에너지를 효율적으로 이용할 수 있는 장기적 해결책을 마련하고, 중국인들에게 대안을 제시해서 그들이 계획하고 있는 비효율적인 석탄 이용을 개선시키며, 인도네시아와 브라질 사람들의 급속한 삼림 벌채 계획을 바꿀 수 있도록 만든다면, 정치가들은 우리가 그들에게 무엇을 원하는지 알게 될 것이다. 그들이 여러분의 관심사와 가치관을 알 수 있도록 하자. 우리가 침묵한다면 특수한 이해 당사자들이 보낸 팩스만 통과될 것이다.

사실 그것이 바로 이 책의 요점이다. 경제 개발로 인한 환경의 위협과 그 이익을 어떻게 저울질할 것인가를 선택하는 일, 그리고 그 저울질에 내포된 가치 판단을 할 수 있도록 충분한 지식을 갖추는 일은 모든 사람들의 의무다. 지구 시스템 과학을 이루는 여러 연구 분야의 전문가들은 무슨 일이 일어날 것인지, 그 확률은 얼마인지를 알리는 방법으로 도움을 줄 수 있다. 다음 번에 전문가들이 여러분에게 '무엇을 할 것인가'를 이야기할 때에는, 잊지 말고 그들에게 다음 세 가지 질문을 던져라. (1) 어떤 일이 일어날 수 있는가? (2) 그 확률은 얼마인가? (3)당신은 어떻게 알게 되었는가? 그리고 반드시 그들이 자신의 전문적인 판단에서 확립된 객관적 가능성을 가진 부분과 주관적인 부분을 분리하도록 하라. 전문가의 일은 거기서 끝난다. 우리가 받아들이기만 한다면, 무엇을 할 것인가는 우리 모두의 책임이다.

참고 문헌

머리말 문제는 규모다

1. S. A. Levin. 1992. 'The problem of pattern and scale in ecology.' *Ecology* 73: 1943~1967.

2. T. L. Root and S. H. Schneider. 1995. 'Ecology and climate: Research strategies and implications.' *Science* 269: 334~341. 이 책의 저자들은 지구 변화의 문제들은 다양한 규모와 여러 학문 분야, 그리고 다양한 제도적 접근과 함께 최선의 방식으로 다루어야 한다고 주장한다.

3. W. G. Ernst, ed. In press. *Earth Systems*. New York: Cambridge Universtiy Press. 지구 시스템 문제를 다루기 위해 필요한 여러 분야의 지식이 풍부하게 들어 있는 훌륭한 책이다.

4. R. Peters and T. Lovejoy, eds. 1992. *Global Warming and Biological Diversity*. New Haven, Conn.: Yale University Press.

5. P. R. Ehrlich and J. P. Holdren. 1971. 'Impact of population growth.' *Science* 171: 1212~1217.

6. R. Cantor and S. Rayner. 1994. 'Changing perceptions of vulnerability.' In *Industrial Ecology and Global Change*. R. Socolow, C. Andrews, F. Berkhout, and V. Thomas, eds. Cambridge: Cambridge University Press, 69~83쪽.

7. National Academy of Sciences. 1991. *Policy Implications of Greenhouse Warming.* Washington, D.C.: National Academy Press.

1장 살아 있는 지구

1. C. Sagan and G. Mullen. 1972. 'Earth and Mars: Evolution of atmospheres and temperatures.' *Science* 177: 52~56.

2. W. Broecker. 1990. *How to Build a Habitable Planet.* Palisades: Lamont-Doherty Geological Observatory Press. 지구의 지구화학적 기초를 익히는 데 도움이 될 훌륭한 책으로, 이 시대에 통찰력이 가장 뛰어난 지구과학자 중 한 사람이 쓴 것이다.

3. J. F. Kasting. 1993. 'Earth's early atmosphere.' *Science* 259: 920~926. 초기 작업에 대한 언급과 시각을 담고 있다.

4. J. E. Lovelock. 1995. *The Ages of Gaia: A Biography of Our Living Earth.* New York: Norton. 제임스 러블록의 최근의 새로운 견해다.

5. S. H. Schneider and P. Boston, eds. 1991. *Scientists on Gaia.* Cambridge, Mass.: MIT Press. 가이아 가설에 대한 최초의 '창립' 회의 과정을 편집하고 기술한 책이다. 독창적인 이 사건은 뒤이어 나온 가이아에 대한 가장 대중적인 책에서 진지한 과학 논쟁의 출발점으로 자세히 언급되어 있다. 예를 들어 L. E. Joseph. 1990. *Gaia: The Growth of and Idea.* New York: St. Martin's를 참고하라.

6. J. E. Lovelock and L. Margulis. 1973. 'Atmospheric homeostasis by and for the biosphere: The Gaia hypothesis.' *Tellus* 26: 2는 가이아 이론에 대한 고전적인 과학 논문이다.

7. D. Schwartzman, M. McMenamin, and T. Volk. 1993. 'Did surface temperature constrain microbial evolution?' *Bioscience* 43: 390~393.

8. L. A. Frakes. 1979. *Climates through Geologic Time.* Amsterdam: Elsevier.

9. C. J. Allegre and S. H. Schneider. 1994. 'The evolution of the Earth.' *Scientific American* 241: 44~51.

10. J. Imbrie and K. P. Imbrie. 1979. *Ice Ages: Solving the Mystery.* Short Hills, N. J.: Enslow. 빙기의 수수께끼를 다룬 과학과 역사를 아우른 훌륭한 책이다.

11. E. O. Wilson. 1992. *The Diversity of Life.* New York: Norton. 퓰리처 상을 수상한 생태학자가 쓴 유익하고 이해하기 쉬운 대중 과학서다.

2장 기후와 생물의 공진화

1. W. H. Schlesinger. 1991. *Biogeochemistry: An Analysis of Global Change*. New York: Academic Press.

2. S. H. Schneider. 1994. 'Detecting climatic change signals: Are there any 'fingerprints'? *Science* 263: 341~347. 이 논문은 에어로졸과 기후 논쟁의 역사를 살피고 있으며 추가적으로 많은 참고 문헌을 제공해 준다. 이 논문의 추론은 그 다음에 이루어진 평가에서 기후의 기록으로 지구 온난화의 결과를 탐지하는 데에 더욱 커다란 확신을 표현할 수 있도록 해 주었다.

3. Intergovernmental Panel on Climatic Change (IPCC), 1996. *Climate Change 1995. The Science of Climate Change: Contribution of Working Group I to the Second Assessment Report of the intergovernmental Panel on Climate Change*. J. T. Houghton, L. G. Meira Filho, B. A. Callander, N. Harris, A. Kattenberg, and K. Maskell, eds. Cambridge: Cambridge University Press. 해양 탄소 화학에 대한 개관은 10장을 참고하라. 앞으로는 IPCC 1996, WG I로 약칭한다.

4. E. j. Barron, P. J. Fawcett, D. Pollard, and S. L. Thompson. 1993. 'Model simulations of Cretaceous climates: The role of geography and carbon dioxide.' *Philosophical Transactions of the Royal Society of London* 341: 307~316.

5. L. F. Richardson. 1922. *Weather Prediction by Numerical Processes*. Cambridge: Cambridge University Press. 이 책은 기상과 기후 모형에 대한 전형적이고 예언적인 선구적 저서다.

6. Richardson. *Weather Prediction by Numerical Processes*, 219~220쪽.

7. P. N. Edwards. 1996. *The Closed World: Computers and the Politics of Discourse in Cold War America*. Cambridge, Mass.: MIT Press.

8. S. H. Schneider and R. Londer. 1984. *The Coevolution of Climate and Life*. San Francisco: Sierra Club. 6장은 기후 모형화 작업에 대한 한 문외한의 개관을 제공하고 있다.

9. S. H. Schneider, S. L. Thompson, and E. J. Varron. 1985. 'Mid-Cretaceous, continental surface temperatures: Are high CO_2 concentrations needed to simulate above-freezing winter conditions? In *The Carbon Cycle and Atmospheric CO_2: Natural Variations Archaen to Present*. E. Sundquist and W. Broecker, eds.

Geophysical Monograph Series, Vol.32, American Geophysical Union, Washington, D.C., 554~559쪽.

10. R. A. Berner, A. C. Lasaga, and R. M. Garrels. 1988. 'The carbonate-silicate geochemical cycle and its effect of atmospheric carbon dioxide over the past 100 million years.' *American Journal of Science* 283: 641~683.

11. M. I. Budyko, A. B. Ronov, and A. L. Yanshin. 1987. *History of the Earth's Atmosphere*. New York: Springer-Verlag. 이들의 결론은 논란의 여지가 있지만, 이들은 1억 년 전에 이산화탄소가 많았다는 것을 말해 주는 직접 증거라고 믿고 있는 것을 제시하고 있다.

12. 빙하에 대한 자료의 출처는 Schneider and Londer, *The Coevolution of Climate and Life*, chapter 3을 참고하라.

13. J. A. Eddy and H. Oeschger, eds. 1993. *Global Changes in the Perspective of the Past*. New York: Wiley. 인류의 영향으로 인한 미래의 기후 변화와 유사한 고기후를 찾으려는 시도(대부분은 헛된)와 관련된, 빙기의 다양한 측면에 대한 논문들. 빙기 이론에 대한 토의를 위한 또 한 권의 뛰어난 책으로 T. J. Crowley and G. R. North. 1991. *Paleoclimatology*. New York: Oxford University Press가 있다.

14. C. Lorius, J. Jouzel, D. Raynaud, J. Hansen, and H. Le Treut. 1990. 'The ice-core record: Climate sensitivity and futrue greenhouse warming.' *Natrue* 347: 139~145. 현대의 지구 온난화 논쟁에 대한 자료들과 그것들의 가능한 관계에 대한 논문.

15. R. A. Berner. 1993. 'Paleozoic atmospheric CO_2: Importance of solar radiation and planet evolution.' *Science* 261: 68~70.

16. M. I. Hoffert and C. Covey. 1992. 'Deriving gloval climate sensitivity from paleoclimate reconstructions.' *Nature* 360: 573~576.

17. 인용문과 보다 충실한 토론을 위해서는 Schneider and Londer, *The Coevolution of Climate and Life*, 233쪽을 참고하라.

3장 무엇이 기후 변화를 일으키는가?

1. 21세기 지표면 온도의 경향에 대한 자료는 100명의 과학자들이 내린 국제적인 평가인 IPCC 1996, WG I에서 나온 것이다. 3장에는 기후 변화에 대한 최근의 증거들이 많이 실려 있는데, 이중에는 인공위성이 17년 동안 취합한 중·상층 대기의 온

도와 직접 측정한 표면 온도 사이의 매우 분명한 큰 차이들(예: S. F. Singer. 1995. Letter to *New York Times*, "Global Warming Remains Unproved." Sept. 19, 1995)이 어떻게 조정될 수 있는가에 대한 토론도 있다(예: IPCC의 147~148쪽을 참고하라.). 이 기록의 타당성에 대해서는 지금까지도 뜨거운 논쟁이 계속되고 있다. 예는 C. Prabhakara, J.-M. Yoo, S. P. Maloney, J. J. Nucciarone, A. Arking, M. Cadeddu, and G. Dalu. 1996. "Examination of 'Global Atmospheric Temperature Monitoring with Satellite Microwave Measurements' : (2) Analysis of Satellite Data," *Climatic Change* 33: 459~476의 논문을 참고하라. 이에 대한 비판적인 비평으로는 인공위성 기술의 창시자들에 의한 R. W. Spencer, J. R. Christy, and N. C. Grody. 1996. "Analysis of 'Examination of "Global Atmospheric Temperature Monitoring with Satellite Microwave Measurements,"' " *Climatic Change* 33: 477~489; Prabhakara and colleagues' defense. 1996. "Examination of 'Global Atmospheric Temperature Monitoring with Satellite Microwave Measurements' : (3) Cloud and Rain Contamination," *Climatic Change* 33: 491~496이 있다. 요점은 인공위성 기술은 아직 열대 해양의 광범위한 부분에 있는 적란운(쌘비구름)의 변형 효과를 설명하기에 만족스럽지 못하다는 것이고, 따라서 아직까지는 대기의 특정한 부분에 대한 표준화된 온도 경향 기록을 완전하게 제공하지 못한다는 것이다. 따라서 나는 지표면 온도의 온도계 네트워크가 아직까지는 기후 추정에 사용할 수 있는 가장 좋은 측정 도구라고 생각한다. 왜냐하면 이 네트워크는 장기간의 기록(인공위성 자료보다 10배나 긴)을 제공해 주고 인간과 자연(지표면 위에 있는)에게 가장 중요한 곳의 기후를 측정해 주기 때문이다. 두 기술을 서로 보완하면서 인용된 논쟁을 해결하려는 노력이 진행되고 있다.

2. IPCC 1996, WG I의 2,3장을 보라; S. H. Schneider, 1994. 'Detecting climatic change signals: Are there any "fingerprints"? *Science* 263: 341~347.

3. K. E. Trenberth and J. W. Hurrel. 1996. 'The 1990~1995 El Niño-Southern Oscillation event: Longest on record.' *Geophysical Research letters* 23: 57.

4. E. N. Lorenz. 1968. 'Climatic determinism in causes of climatic change.' *Meteorological Monographs* 8: 1~3.

5. J. Gleick. 1987. *Chaos.* New York: Viking Press.

6. J. A. Hansen, R. Ruedy, and M. Sato. 1992. 'Potential climate impact of Mt. Pinatubo

eruption.' *Geophysical Research Letters* 19: 215~218. 지구 온난화의 예측을 위해 만든 같은 기후 모형을 사용해서, 저자들은 섭씨 몇십 분의 1도에 해당하는 지표면의 온도 저하를 예측했다. IPCC 1996, WG I의 3장은 이 예측이 현실적이었음을 확인해 주고 있다.

7. K. E. Trenberth, ed. 1992. *Climate System Modeling.* Cambridge: Cambridge University Press.

8. 단기적인 기상 예측 가능성의 제한과 기후 통계에서의 장기적인 변화의 예측 가능성을 혼동한 사례는 M. L. Parsons. 1995. *Gloval Warming: The Truth Behind the Myth.* New York: Plenum이다. '진실 대 신화' 책들에서 종종 볼 수 있는 것처럼, 열광적인 저자들은 거꾸로 된 진실과 신화를 갖고 있다. 나는 이에 대해 어떤 책의 서평에서 언급한 바 있다. S. H. Schneider. 1996. Climate reversal. *Nature* 381: 384~386. 많은 주요 '반대 의견을 가진 사람들'과 그들을 지지하는 사람들에 대한 진술은 R. Gelbspan. Dec. 1995. The heat is on. *Harpers* 35를 참고하라. Gelbspan은 퓰리처 상을 수상한 저널리스트다.

9. S. H. Schneider. 1993. 'Degrees of certainty.' *National Geographic Research and Exploration* 9(2): 173~190.

10. W. M. Washington and C. L. Parkinson. 1986. *An Introduction to Three-Dimensional Climate Modeling.* New York: Oxford University Press.

4장 인류에 의한 지구 기후 변화의 모형

1. A. Franzén. 1992. *Vasa: The Brief Story of a Swedish Warship from 1628.* Stockholm: Bonniers and Norstedt.

2. 더욱 충실한 토론은 IPCC 1996, WG I의 5장을 참고하라.

3. 매사추세츠 공과 대학의 리처드 린드젠과 같은 기후 모형의 파라미터 표시법을 비평하는 비평가들은, 하나의 규모(린드젠이 즐겨 주장하는 뇌우와 같은)에서 중요하게 알려져 있는 물리적 반응이 커다란 격자 상자들이 있는 일반 순환 모형(GCM)에는 분명하게 포함되지 않기 때문에 일반 순환 모형은 취약할 수밖에 없다고 주장한다(예: R. S. Lindzen. 1990. 'Some coolness to global warming.' *Bulletin of the American Meteorological Society* 71(3): 288~299). 나는 모든 소규모의 반응들을 포함하는 것은 가능하지도 않고 그런 일을 할 필요도 없으며, 이것은 소규모의 어떤 반응들이 대규모

의 결과에 커다란 기여를 하는지 알아보기 위한 시험일 뿐이라고 논평했다(예로는 T. L. Root and S. H. Schneider. 1995. 'Ecology and climate: Research strategies and implications.' *Science* 269: 334~341을 참고하라.). 나는 또한 다행히도 표면 온도가 상승했을 때 모형들이 대규모 상층 대기의 습도 증가를 정확하게 예측하고 있었음을 제시하는 자료를 인용했다(S. H. Schneider. 1991. Response to Hugh Ellsaesser. *Bulletin American Meteorological Society* 72: 1009~1011). 이것은 린드젠의 소규모 분석이 대규모 예측에 그리 커다란 의미를 갖는 것은 아님을 이야기해 준다. 버섯처럼 생긴 뇌우를 생각해 보라. 이 버섯 뇌우는 높은 습도와 상승 기류, 강수가 있는 짙은 줄기에, 하강하는 건조한 공기로 된 갓을 쓰고 있다. 린드젠은 이런 건조한 공기의 설명을 통해서 기후 감도를 일반 순환 모형의 예측에 비해 요인 10까지 줄일 수 있다고 강력히 주장한다. 나의 반론은 위에서 인용한 대규모 자료와 D. Rind, E.-W. Chiou, W. Chu, J. Larsen, S. Oltmans, J. Lerner, M. P. McCormick, and L. McMaster. 1991. 'Positive water vapour feedback in climate models confirmed by satellite data.' *Nature* 349: 500~503에서 언급한 다른 자료들로 뒷받침되고 있다. 나는 어느 한 폭풍우 규모에서의 이론과 관측을 단순히 많은 폭풍우의 상호 작용의 집합적인 결과에 적용할 수는 없다고 본다. 각 '버섯'은 완전한 독립체가 아니다. 오히려 한 개의 '갓'이라는 하강 기류는 주변에 있는 것들과 상호 작용한다. 따라서 지표면 온도와 대기의 습도 변화 사이의 대규모적인 관계는 고립되어 있는 한 개의 뇌우를 연구해서 추론한 것과는 상당한 차이가 날 수 있다. 루트와 나는 일반 순환 모형 격자 규모에서의 경험적인 시험만이 일반 순환 모형의 실행을 유효하게 해 줄 수 있다고 주장했다. 이는 이미 알려져 있는 소규모의 과정들이 확실히 포함되어 있지 않다는 뜻은 아니다. 이런 종류의 논쟁은 청중을 매우 혼란스럽게 하고 있다. 그러나 IPCC와 같은 많은 전문가들의 과학적인 판단은 이 문제들을 잘 알고 있다. 그럼에도 불구하고 여러 가지 이유로 지구 기후 탐지에 대한 일반 순환 모형의 추정은 요인2나 요인3으로 명백해질 것이라고 결론짓는다. 따라서 이산화탄소가 2배가 될 때의 온난화 정도는 일반적으로 1.5도에서 4.5도 사이가 된다.

4. H. E. Wright, J. E. Kutzbach, T. Webb III, W. F., Ruddiman, F. A. Stree-Perrott, and P. J. Bartlein, eds. 1993. *Global Climates Since the Last Glacial Maximum.* Minneapolis: University of Minnesota Press. 이 책에는 고기후와 고생태학의 기록, 그리고 지질 시대의 이산화탄소 농도의 주기적인 변동이나 변화 같은 가능한 원인

요인과 이들의 관계에 대한 풍부한 정보가 포함되어 있다.

5. Wright et al., *Global Climates Since the Last Glacial Maximum.*

6. A. Berger. 1992. *Le Climat de la terre: un passé pour quel avenir?* Brussels: De Boeck Université.

7. Wright et al., *Global Climates Since the Last Glacial Maximum.*

8. IPCC 1996, WG I의 2장을 보라. 특히 117쪽과 'the debate among several authors: Testing for bias in the climate record.' *Science* 271: 1879~1883.

9. S. H. Schneider. 1994. 'Detecting climatic change signals: Are there any "fingerprints"?' *Science* 263: 341~347.

10. 기후 신호의 탐지와 원인 규명의 문제에 대한 완전한 토론은 IPCC 1996, WG I의 8장을 참고하라. 8장과 그 주저자인 벤 샌터(Ben Santer)는 산업단체인 지구기후연합과 몇몇 베테랑 '반대 의견을 가진 사람들'로부터 심한 인신 공격을 받았다. 이 일은 결국 한편으로는 많은 매체들이 '과학계의 정화'를 주장하도록 했고, 또 다른 한편으로는 고의적인 혼란을 이끌었다. 예를 들면 E. Masood. 1996. Climate Report "Subject to scientific cleansing." *Nature* 381: 546이나 W. K. Stevens. 1996. 'At hot center of debate on global warming.' *New York Times*, August 6, 1996, B5~B6쪽을 참고하라.

11. B. D. Santer, K. E. Taylor, T. M. L. Wigley, T. C. Johns, P. D. Jones, D. J. Karoly, J. F. B. Mitchell, A. H. Oort, J. E. Penner, V. Ramaswamy, M. D. Schwarzkopf, R. J. Stouffer, and S. Tett. 1996. 'A search for human influences on the thermal structure of the atmosphere.' *Nature* 382: 39~46.

12. IPCC 1996, WG I, 5쪽.

13. S. H. Schneider and Lynne Mesirow. 1976. *The Genesis Strategy: Climate and Global Survival*, New York: Plenum을 참고하라. 나는 이 책에서 인간이 만들어 낸 에어로졸이 온도를 낮추고 온실 기체가 온도를 높이는 일에 대해, 자연스러운 변동의 상대적인 영향을 토로했음을 자랑스럽게 밝힐 수 있다. 11쪽에서 나는 다음과 같이 언급했다. "기후 이론은 아직 너무 초보적이어서 1975년까지의 이산화탄소와 에어로졸의 상대적인 작은 증가가 이러한 기후 변화를 초래했는지에 대한 확실성을 증명하지는 못한다. 그러나 나는 이산화탄소의 농도와 에어로졸의 농도가 계속 증가한다면 20세기 말경에는 상당한 기후 변화가 일어날 수 있다고 믿는다. 최근의

계산에 따르면 현재의 경향이 계속되면 곧 역치에 달하게 되고, 그 후에는 그 영향이 전 세계적으로 뚜렷하게 탐지될 것이다. 문제가 되는 것은 그때에는 이런 일의 위험한 결과를 피하기에는 너무 늦었을지도 모른다는 점이다. 왜냐하면 현재 이론의 '확실한 증명'은 대기 자체가 '실험을 수행한 뒤'에나 나올 수 있기 때문이다." 나는 21년이 지난 지금은 '뚜렷하게' 같은 몇 개의 단어를 바꾸어야 한다고 생각한다. 왜냐하면 신호 탐지의 문제는 확률의 문제고, 몇몇 분석가들은 이런 '탐지'를 시사하는 충분한 '일치'가 이미 존재한다고 만족해 하는 반면, 다른 사람들은 그 가능성을 더 줄이려 하기 때문이다. 결국 탐지를 위한 확률의 역치는 판단의 문제지, 객관적인 결정의 문제가 아니다.

14. IPCC 1996, WG I의 8장은 이 상황을 잘 요약하고 있다.

15. S. Manabe and R. J. Stouffer. 1993. 'Century scale effects of increased atmospheric CO₂ on the ocean-atmosphere system.' *Nature* 364: 215~218.

16. S. L. Thompson and S. H. Schneider. 1982. 'CO₂ and climate: The importance of realistic geography in estimating transient response.' *Science* 217: 1031~1033.

17. IPCC 1996, WG I의 집행 적요서 7쪽의 마지막 절은 논쟁의 여지가 없다. 이는 원안에 대한 이의나 최소한의 수정도 없이 만장일치로 채택되었다. 나는 특히 두 가지 이유에서 기뻤다. (1)집행 적요서 대부분의 다른 절들은 지루할 정도로 오래 논의되었고, (2)총회에 제출한 원안을 기안하는 책임이 나에게 있었기 때문이다.

18. W. S. Broecker, 1994. 'Massive iceberg discharges as triggers for global climate change.' *Nature* 372: 421~424; J. Imbrie and K. P. Imbrie. 1979. *Ice Ages: Solving the Mystery.* Short Hills, N. J.: Enslow.

19. IPCC 1996, WG I은 급변 현상 논쟁을 훌륭하게 요약하고 있다. 177~179쪽을 참고하라.

20. S. H. Schneider. 1995. The future of climate: Potential for interaction and surprises. In *Climate Change and World Food Security.* T. E. Downing, ed. NATO ASI Series: Ser. I, Global Enviromnental Change, vol. 37. Heidelberg: Springer-Verlag, 77~113쪽.

5장 생물 다양성과 새들의 투쟁

1. C. Darwin. 1859. *On the Origin of Species by Means of Nature Selection.* London:

John Murray.

2. M. B. Davis. 1976. 'Pleistocene biogeography of temperate deciduous forests.' *Geoscience and Man* 13: 13~26.

3. J. T. Overpeck, R. S. Webb, and T. Webb III. 1992. 'Mapping eastern North American vegetation change over the past 18,000 years: No analogs and the future.' *Geology* 20: 1071~1074.

4. R. W. Graham and E. C. Grimm. 1990. 'Effects of global climate change on the patterns of terrestrial biological communities.' *Trends in Ecology and Evolution* 5(2): 89~92. 동물과 기후에 대한 그레이엄의 다음과 같은 재미있는 내용도 참고하라. S. H. Schneider, ed. 1996. *Encyclopedia of Climate and Weater, A-K.* New York: Oxford University Press, 27~32쪽.

5. P. R. Ehrlich and J. Roughgarden. 1987. *The Science of Ecology.* New York: Macmillan. 이 책은 생태학에 유용한 참고 문헌이다. S. L. Pimm. 1991. *The Balance of Nature: Ecological Issues in the Conservation of Species and Communities.* Chicago: University of Chicago Press도 참고하라.

6. T. L. Root. 1988. 'Environmental factors associated with avian distributional boundaries.' *Journal of Biogeography* 15: 489~505.

7. T. L. Root and S. H. Schneider. 1995. 'Ecology and climate: Research strategies and implications.' *Science* 269: 334~341. 저자들은 공기 중에 있는 여분의 이산화탄소 때문에 변화하는 광합성의 영향에 대한 많은 연구를 언급하고 있다.

8. E. O. Wilson. 1992. *The Diversity of Life.* New York: Norton.

9. R. M. May. 1994. 'Past efforts and future prospects towards understanding how many species there are.' In *Biodiversity and Global Change.* O. T. Solbrig, H. M. van Emden and P. G. W. J. van Oordt, eds. Wallingford, Conn.: CAB International, 71~84쪽.

10. 사이먼과 캘리포니아 주립 대학교에 재직했던 정치적인 과학자 윌다프스키(A. Wildavsky)의 사설은 자극적인 제목 '생물 종이 아니라, 진실이 위험에 처해 있다.'로 나타났는데, 이것은 1993년 5월 23일자 《뉴욕 타임스》의 A23쪽에 실렸다. 생태학적 자료는 섬의 생물지리학 이론에 기초한 새의 멸종에 대한 예측을 반박하고 있다는 사이먼과 윌다프스키의 불쾌한 주장에 대해 작가 스티븐 부디언스키

(Stephen Budiansky)는 1994년《네이처》370: 105에 발표한 편지로 공감을 표했다.

11. S. L. Pimm and R. A. Askins. 1995. 'Froest losses predict bird extinctions in eastern North America.' *Proceedings of the National Academy of Sciences* 92(9): 343~347.

12. P. Vitousek. 1994. 'Beyond global warming: Ecology and global change.' *Ecology* 75: 1861~1876. 이 논문 또한 상호 작용하는 교란의 위험을 지적한다.

13. N. Myers and J. Simon. 1994. *Scarcity or Abundance: A Debate on the Environment.* New York: Norton. 이 책은 자료 지향적인 경제학자들 대 이론 지향적인 생태학자들의 전적으로 다른 세계관의 많은 사례를 보여 준다.

14. 엄격히 말하면 낮은 확률이지만, 심각한 결과에 대한 기피(즉 '위험 회피')는 커다란 위험을 최소화하는 데 높은 가치를 두기만 한다면, 경제적 효율성의 최대 활용과 논리적으로 일치한다. 그러나 이런 일이 비용과 편익의 계산에서 일반적으로 이루어지지는 않는다. 그 계산은 극단적인 일이 아닌 가장 훌륭한 추측의 결과를 강조한다.

6장 우리는 무엇을 해야 하는가?

1. 가장 유용한 영향 평가는 UN이 후원하는 기후 변화에 관한 정부간 협의체의 운영회 II에 소속된 많은 전문가들에 의해 이루어졌다(운영회 I은 이 책에서 IPCC 1996, WG I로 반복하여 언급된 기후 영향 평가 그룹이다.). *Climate Change 1995. Impacts, Adaptations and Mitigation of Climate Change: Scientific-Technical Analyses. Contribution of Working Group II to the Second Assessment Report of the Intergovernmental Panel on Climate Change.* R. T. Watson, M. C. Zinyowera, and R. H. Moss, eds. Cambridge: Cambridge University Press. 이것이 기후 영향에 대한 가장 유용한 평가라고는 해도, 중요한 몇 가지가 생략되어 있다. 하나의 예로, 집중적으로 언급된 동물들은 가축과 어장의 어류, 그리고 인간(기후에 의해 변한 열 스트레스나 질병 보균 생물이 그들의 건강에 미치는 영향)이었다. 생물계의 절반을 차지하는 곤충과 야생 생물들은 정성을 기울인 이 분석에서 거의 전적으로 배제되었다. 생태계는 명쾌하게 다루어졌지만 식물 종이라기보다는 주로 식물 군계가 다루어졌다. 군집 구조나 생태학적 혜택의 해체와 같은 문제들(내가 5장에서 논의한 것과 같은)은 거의 주목받지 못했다. 5장에서 살펴본 것처럼 시장과 관련이 없는 이

러한 영향은 정량적으로 평가하기 어렵다. 그러나 미래의 평가에서는 더 많이 고려할 필요가 있다. '시장에 포함되지 않은' 상품들을 평가하는 이 문제에 대한 치밀한 비평으로는 R. V. Ayres. 1992. 'Assessing regional damage costs from global warming.' In The Regions and Global Warming: Impacts and Response strategies. J. Schmandt and J. Clarkson, eds. New York: Oxford University Press, 182~198쪽이 있다.

2. National Academy of Sciences. 1991. Policy Implications of Greenhouse Warming. Washington, D.C.: National Academy Press.

3. 생태경제학자들은 현재 자신들의 학회와 정기간행물《생태경제학》을 갖고 있다. 기본적인 전제는 경제가 자연과 분리되어 있지 않으며 자연 자산(예: 토양 축적)의 붕괴는 GNP, 소비와 저축 같은 표준 회계 계산 항목으로가 아니라 복지 기준에 포함되어야 한다는 것이다. 이들은 특히 이런 자연 자산을 사람들이 얼마나 점유하고 있는지에 관심을 기울인다. 이 분야에 대한 좋은 입문서로는 다음의 평론집이 있다. H. E. Daly and K. N. Townsend, eds. 1993. Valuing the Earth. Cambridge, Mass.: MIT Press.

4. J. P. Holdren. 1991. 'Population and the energy problem.' Population and Environment 12: 231~255, and Bongaarts, J. 1992. 'Population growth and global warming.' Population and Development Review 18: 299~319. 두 가지 모두 21세기를 위한 인구, 에너지, 기술과 부에 대한 선택적인 시나리오를 제공하고 있다.

5. 처음의 계산은 유리한 가정에서 대체 에너지 시스템의 가격을 낮추면, 탄소세를 기후에 추정된 외적 손해에 대해 부과하는 경우 장기적으로 실제 화석 연료의 추가 비용으로 잃는 것보다 많은 비용을 절약할 수 있다는 사실을 보여 주었다. 그러나 불행히도 정치적인 현실을 보면, 그 비용은 현재 세대에 맡겨질 것이고 이익은 다음 세대에게 돌아갈 것이다. 이는 재선을 생각하고 있는 현직 정치가에게는 이상적인 상황이 아니다. 우리는 또한 우리의 유리한 가정이 유일하게 타당한 경향이 아니며, 탄소세가 화석 연료의 가격을 올려 이 부류의 연료들이 경제적으로 점점 인기가 없어져 현재의 전통적인 에너지를 생산하는 기업에 투자된 자본이 회수되어 능률적인 백스톱 기술 부문에 재투자될 것임을 느끼게 될 때 경제적 손실을 설명할 필요가 있다는 점을 인식했다. 모든 것을 고려해 볼 때 나는 지금은 대부분의 종합 평가 도구에 포함되어 있지 않은 탄소세와 같은 기후 정책으로부터 장기적인 보너스가 있을

것이라고 믿는다. 그러나 현재 그 보너스의 크기는 매우 불확실하다. 한편 D. Gaskins and J. Weyant. 1993. 'EMF-12: Model comparisons of the costs of reducing CO₂ emissions.' *American Economic Review* 83: 318~323와 같은 전통적인 분석이 우세하다.

6. 1996년 말에 발행된 정기 간행물《기후 변화》의 특별호에는 종합 평가의 활용과 남용에 대한 몇 편의 논문과 비평적인 의견들이 포함되어 있어서, 관심 있는 독자들에게 주요한 문헌들에 대한 더 깊은 토론과 언급을 제공해 줄 것이다.

7. IPCC, 1996, WG I의 7장에서는 해수면 상승 문제를 깊이 있게 논의하고 있다.

8. J. G. Titus and V. Narayanan. 1996. 'The risk of sea level rise.' *Climatic Change* 33: 151~212. 이 책의 저자들은 마치 여러 전문가가 모두 자격이 있는 것처럼, 모형의 불확실한 파라미터에 대한 전문가들의 의견이 한데 모여 있는 분석을 실시했다. 이러한 가정은 같은 간행물에 실린 결정분석학자인 엘리자베스 파테코넬(Elizabeth Paté-Cornell)이 쓴 논문에서 비판을 받았다. 이 간행물에 실린 논문집은 그 문헌에 대한 좋은 입문서다.

9. M. G. Morgan and H. Dowlatabadi. 'Learning from integrated assessment of climate change.' *Climatic Change*.

10. J. Rotmans. 1994. *Global Change and Sustainable Development: A Modelling Perspective for the Next Decade*. National Institute of Public Health and Environmental Protection (RIVM), RIVM-report no. 461502004, Globo Report Series, Bilthoven, Netherlands. Also: J. Alcamo, ed. 1994. *Image 2.0: Intergrated Modeling of Global Climate Change*. Dordrecht: Kluwer Academic.

11. W. D. Nordhaus. 1992. 'An optimal transition path for controlling greenhouse gases.' *Science* 258: 1315~1319. 또한 노드하우스의 응답이 있는 S. H. Schneider, H. Dowlatababi, L. Lave, and M. Oppenheimer, in *Science* (1993) 259: 1381~1384의 비평적인 편지를 참고하라.

12. S. H. Schneider. 1995. 'The future of climate: Potential for interaction and surprises.' In *Climate Change and World Food Security*. T. E. Downing, ed. NATO ASI Series: Ser. I, Global Environmental Change, vol. 37, 77~113쪽. Heidelberg: Springer-Verlag이 쟁점을 더욱 상세히 논의하고 있다.

13. 어떤 사람들은 '승리자와 패배자'라는 문구도 싫어한다. 더욱 강하게 막기로 타협

한 지구 변화에서, 일부는 이익을 얻을 수도 있다는 점을 암시하고 있기 때문이다. 앨버트 고어 부통령은 이런 견해를 밝혔는데 나는 S. H. Schneider. 1990. *Global Warming: Are We Entering the Greenhouse Century?* New York: Vintage의 257~259쪽에서 1988년의 이런 개인적인 경험을 자세히 이야기한 바 있다.

14. W. D. Nordhaus. Jan.-Feb. 1994. 'Expert opinion on climatic change.' *American Scientist* 82: 45~51.

15. 프로슈의 계산은 National Research Council: National Academy of Sciences. 1991. 'Policy implications of greenhouse warming'에 있다. 지구공학에 대한 더욱 충실한 논쟁은 이 주제에 전념하고 있는 《기후 변화》 1996년 7월호를 참고하라.

16. 이 문제에 대해서는 *Global Warming: Are We Entering the Greenhouse Century?* San Francisco: Sierra Club Books, 1990, or P. R. Ehrlich and A. H. Ehrilich. 1996. *The Betrayal of Science and Reason.* Washington: Island Press에 나와 있는 나의 '미디어론' 장과 에필로그를 참고하라.

17. J. H. Ausubel. Mar.-Apr. 1996. 'Can thechnology spare the Earth?' *American Scientist* 84: 166~178.

18. R. Herman, S. A. Ardekani, and J. H. Ausubel. 1989. Dematerialization. In *Technology and the Environment* J. H. Ausubel and H. E. Sladovich, eds. Washington, D.C.: National Academy Press, 50~69쪽.

19. P. R. Ehrlich and A. H. Ehrlich. 1990. *The Population Explosion.* New York: Simon and Schuster.

20. N. Myers. 1993. *Ultimate Security: The Environmental Basis of Political Stability.* New York: Norton. 마이어가 가능성 있는 위협으로 보는 경향에 대한 그의 긴 기록을 묘사하고(또 인용하고) 있으며, 미래의 변화를 예상하는 이론적인 논거를 적용하고 해결책을 제시하고 있다. 이런 측면을 그의 논쟁 상대인 줄리언 사이먼과 대조해 보라. 그들이 함께 쓴 책으로는 N. Myers and J. Simon. 1994. *Scarcity or Abundance: A Debate on the Environment.* New York: Norton이 있다.

21. M. G. Morgan and D. W. Keith. 1995. 'Subjective judgments by climate experts.' *Environmental Science and Technology* 29: 468~476 A.

22. D. Victor and J. Salt. 1994. 'From Rio to Berlin: Managing climate change.' *Environment* 36: 6~15, 25~32. 이 책의 저자들은 국제 기후 협약을 제정하기 위한

현재의 협상 과정을 이야기하고 있다. 이런 맥락에서 지구 차원의 교섭이라는 개념은 외교관 할런 클리블랜드(Harlan Cleveland)의 생각에 뿌리를 두고 있다. 1996년 7월 .티모시 E. 위스(Timothy E. Wirth), 세계문제 담당 국무차관(전직 콜로라도 주 상원의원)은 제네바 회의(제2차 정당회의, 기후 변화에 대한 기초협약)에서 대표들을 깜짝 놀라게 했다. 위스는 온실 기체 방출을 줄이기 위한 자발적인 행동은 더 이상 충분하지 않다는 원칙에 미국안을 맡김으로써 유명한 IPCC 1996의 '인식할 수 있는'이라는 노선을 세웠다. 그 대신 위스는 이렇게 주장했다. "미래의 협상은 실질적이고 입증할 수 있으며 구속력이 있는 중기간 방출 목표를 만드는 데 초점을 맞춰야 한다." 마침내 지구 차원의 교섭이 시작되었는지도 모른다.

찾아보기

가

가이아 가설 38~43, 97, 108~109

강제 요소 167

개체군 역치 198, 201

거리 효과 201

검치호 114

격변설 46

격자 상자 149~151

결정적 반응 132

경제 성장 23

계절풍 127

고기후 146, 157

고기후학 160

고생대 48

고지자기학 62~63

골더, 래리 243

골드, 커늘 89

　『기상도 색인』 89

골딩, 윌리엄 38

공룡의 멸종 99

공전 궤도의 변화 123, 140, 159,
　165~167

공진화 69, 114~115

공해 16~17

광합성 44, 78~79, 84, 136, 138

　이산화탄소의 흡수 78~79

구스타프 2세 143

국가 보조금 233

그레이엄, 러셀 190

그리네발드, 자크 208

글로마 챌린저 호 62

기상-기후 안정화 되먹임 시스템
　(WHAK 시스템) 36~37, 97

기후 강제 요인 123, 135, 139

기후 되먹임 시스템 35~36

기후 모형 88~100, 147~148

　내적 구성 요소 92

　백악기의 사례 95~98

　변화와 요동의 구별 122

　상관 관계와 인과 관계 146

수학 89~91, 94~95
　　역사 88~90
　　외적 구성 요소 92
　　위계 92~93
　　저온화 효과 포함 175~176
　　정당성 156~157
　　컴퓨터 모형화 작업 141
기후 변화
　　급격한 기후 변화 181~184
　　생물 종의 멸종 193
기후 변화에 관한 정부 간 협의체
　　(IPCC) 176~177, 180, 284
기후 신호의 원인 규명 171, 177
기후 신호의 탐지 171, 177

나
남극 대륙
　　결빙 65~66, 100
　　고립 65~66, 100
노드하우스, 윌리엄 252~254,
　　258~260, 286

다
다윈, 찰스 63, 187~190
　　『종의 기원』 188
다이아몬드, 재러드 204
담자리꽃나무 181
대기의 화학 성분 104~110
대륙 이동 18, 48, 58, 60~65, 72,
　　85, 97

백악기의 사례 84~87
　　증거 60~63
대륙판 59
대양저 58, 63, 98
대자연의 균형 190, 195
대자연의 유전 195
데이비스, 마거릿 188~189
돌라타바디, 하디 249
돌로마이트 37
돌연변이 56
동부산적딱새 191~192
동일 과정설 46~47, 50~51, 89
드레이크 해협 100

라
러블록, 제임스 38
　　가이아 가설 38~43
레빈, 사이먼 13
레이너, 스티브 24
레이븐, 피터 114
로렌스 리버모어 국립 연구소 176
로렌츠, 에드워드 132, 148
로젠버그, 노먼 254
로트만스, 얀 252
루트, 테리 191, 200, 216
리비, 윌러드 53, 55
리처드슨 수치 계산법 90
리처드슨, 로버트 126, 149
리처드슨, 루이스 88~90
린드젠, 리처드 281~283

마

마굴리스, 린　38

마우나로아 관측소　134

마우나케아 화산　216

막스 플랑크 연구소　178

매머드　114

맥아더, 로버트　202

멀렌, 조지　33~34

메이, 로버트　205

멕시코 만류　67, 182

멘들슨, 로브　256~257

멸종 속도　191, 201, 207

몬순　127, 162

물의 순환　71~72

미국 국립 연구 협의회　230, 286

미국 대기연구센터　85, 87, 95

미국 환경 보호국　247

민감도 분석　147, 245

밀란코비치 메커니즘　163

밀란코비치 시스템　101~102

바

바사 왕조　143

바사 호(스웨덴 전함)　143~144

바이옴　199~200

반감기　51~54

　루비듐　52

　우라늄　52

　칼륨　52

방사성 연대 측정　51~53

　루비듐-스트론튬법　52~53

　칼륨-아르곤법　52~53

방사성 탄소 연대 측정　53~55, 160

배런, 에릭　84~86

백악기　67, 95~98, 112

　기후　95~98

버너, 로버트　96~97, 109~110

베게너, 알프레트　60~61, 63

베르나드스키, V.　70

볼크, 타일러　40~41, 43

부의 되먹임　35, 37, 41, 97, 115

불의 고리(태평양 화산대)　59

브뢰커, 월리스　183

비물질화　267

비선형 반응　132

비슷한 것이 없는 서식지　189~190

비용-편익 분석　253

빙기　162~166

　순환　162~166

　얼음의 분포 범위　163

사

사이먼, 줄리언　210, 220

사후 예측　159

산성눈　106

산성비　77~78

산소

　생태학적 영향　56~57

　지질 시대의 농도　56

산업 혁명　15, 106, 80~81

산업생태학   267

삼림 벌채   136, 138, 199, 211~212
  조류의 멸종   211~212

상대 연령   45~46

생물 군집   195~197, 219~220

생물 다양성   188, 190, 199, 206, 210, 217

생물량   246

생물상   136

생물의 풍화 작용 강화   41

생물지구물리 되먹임   137

생물지구화학적 순환   70

생물지리학   161

생태 통로   276

생태경제학   235

생태계 교란   193
  코요테의 경우   198
  해달의 경우   197~198

생태계 이동   167
  가문비나무의 경우   19~20, 167, 187~189
  생태학적 재배열   189

생태적 지위   57, 67

서식지 파괴   19

석탄기   109

석회암   37

섬 생물지리학   199~207, 210, 215
  종과 면적 관계 공식   203~204, 215
  종의 멸종 속도   205~207

섭입대   59

성층권   57, 75, 119, 135, 174, 176

세계 인구   23

세이건, 칼   33~34

슈워츠먼, 데이비드   40~41, 43

슈퍼 컴퓨터   88, 94

스모그   77~78

스미스, 애덤   228
  보이지 않는 손   228

스트로마톨라이트   39~40

시생대   25, 31, 33~34, 38~40, 43
  기후   25~26, 39~41
  이산화탄소의 양   34, 38

시장의 실패   230, 235

식물성 플랑크톤   38~39, 77~78, 97
  이산화탄소 양과의 관계   38~39

신생대   48, 67

심해 순환   182

아

아가시 호   183

아궁 산   134, 170

아마존의 기후 변화   137

아파르 열곡   64

안정화 되먹임   35

알고리듬   90~91

알베도   77~78, 123

애스킨스, 로버트   211, 213~216

어셔, 제임스   46, 48

에너지 강도   242~245

에를리히, 폴   21~22, 114, 268

에어스, 로버트 267
엘니뇨 128~130
　남방 진동 신호 129~130
엘치콘 화산 135, 170
열대성 고기압 124
염화불화탄소 57
영거 드라이어스 181~183
영향 평가 226
오슈벨, 제시 264~267
오실 효과 175
오존층 57, 176
온실 기체 75, 80, 106, 108, 140,
　155, 169, 172, 172, 175, 177~178,
　184, 237
　인간 활동에 따른 증가 106~107
온실 효과 39, 80, 84, 96, 99, 110,
　138, 151~156, 159, 173
　수증기의 영향 155
　지구 적외선과 태양 광선의 평형 155
왜거너, 폴 266
외부성 230, 234, 252~253, 269
　내면화된 외부성 234
용승 128~129
워싱턴, 워렌 85
위커, 제임스 36
원시 방정식 148
원핵생물 58
웰스, 허버트 30
　『타임머신』 30
윌슨, 에드워드 67, 203~208

『생명의 다양성』 203
윌슨, J. 투조 64
이산화탄소
　대기와 해양의 교환 79
　순환 37
　양의 변화 106~107
　증가 83
　해저 화산과의 관계 83
이상한 끌개 133
인구 증가
　인구 보충 수준 출생률 239~240
　인구의 관성 240
　인구 증가 시나리오 238~241
일반 순환 모형(GCM) 147, 149~151

자
자연선택 63
자외선 31, 56~57
자원 보호 23
자유 시장 227, 229~231, 234, 252
자화 62
재분배 비용 256
전문화 15
전향력 124
절대 연령 45~46, 48
정의 되먹임 36, 108, 115, 164~165
제트 기류 126~127
종관 기상 시스템 126
종합 평가 235, 237, 242, 247~250,
　255, 272~273

중생대 48, 98

중심 종 197

중앙 해령 58, 62, 64, 82, 83

증발산 72, 136

지구 변화 17~20, 22, 118, 138, 207, 225~226, 286

지구 시스템 과학 30

지구 시스템 모형(ESM) 178~179

지구 온난화 31, 36, 108, 111~113, 119, 159, 193, 253~254, 256

　　관련 정책 230~231

　　서식지 이동 111

　　속도 112~113

　　옥수수 수확량의 변화 256

　　증거 171~172

　　해저 확장과의 관계 83

지구 적외선 33, 80, 154

지구의 나이 측정 45~55

지구의 역동성 14

지구의 열 덮(온실 효과) 153

지역 효과 201

지역적인 멸종 213

지자기 역전 현상 62

지질 시대 분류 48

지층 누증의 법칙 47~48

지하 증온율 49

진핵생물 58

질소 순환 69, 73~76

　질소 고정 74

　질소 고정균 74

탈질균 75

차

초온실 효과 32~34, 41

카

카오스 이론 132~133

캐스팅, 제임스 36

캔터, 로빈 24

켈빈 경 49~50

　지구 나이 측정 49~51

코리올리, 구스타브 가스파르 125

　코리올리 효과 125

　코리올리 힘 125, 128

코베이, 커트 112

콘 벨트 158

쿤, 토머스 40

크라카타우 섬 170

타

타이터스, 제임스 247~249

타임머신 30~33

탄소 강도 246

탄소 순환 70, 78~81, 110, 138

탄소세 243, 252~253, 276

태양

　광도 32

　복사 에너지 변동 173

　태양-궤도 강제 167

　흑점 주기 173

토양 침식 17
톰프슨, 스탈리 179
톱니 패턴 163, 165
툰드라 161, 199

파
파라미터 표시법 150~151, 157
판 구조론 63~65
패러다임 40, 43, 50, 60, 89, 223
팽창의 한계 269
폐름기 61, 109
평원 반도 158~159
표석 61
표층수 128
풍화 작용 97
프란젠, 앙드레 144
프로슈, 로버트 262, 267, 286
피나투보 화산 119, 135, 170
핌, 스튜어트 211, 213~216, 218

하
한계 달러 291
합리적인 행위자 227
항상성 시스템 35
해들리 세포 124, 126
해들리 헨터 연구소 178
해분 83, 96
해수면 상승 81~85, 96, 247~249
  백악기의 경우 82~83
해저 확장 62, 97

허턴, 제임스 46
헤도닉 접근법 257
헤이스, 폴 36
혈거인 55
호퍼트, 마틴 112
홀드런, 존 22
  환경 파괴 공식 22
홀로세 32, 106, 113, 161
  기후 113
홀로세 간빙기 32, 68, 112, 183
홀로세 지도 제작 공동 프로젝트
  (COHMAP) 168, 189
화산 폭발과 기온 하강 119, 134~135,
  170
화석 연료 44~45, 138
확률적 반응 133
확률적인 내부 진동 170
황산 에어로졸 77~78, 119,
  135~136, 175, 177~178
  황의 순환 69, 76~78
효율성 227
효율성 극대화 전략 227, 235
후생경제학 256
흑체 152
희미한 원시 태양의 패러독스 33, 39,
  96

옮긴이 **임태훈**

서울 대학교 지구과학 교육과를 졸업하고 같은 대학원에서 석사 과정을 수료했다. 현재 관악 고등학교 과학 교사로 재직하고 있다. 저서로는 『소방귀에 세금을』, 『지구과학이 암기과목이라고』, 『지구과학 탐사』, 『세계의 기후』, 『신나는 지구탐험대』, 『알쏭이와 달쏭이의 기후여행』, 『고등학교 과학』 등이 있다.

사이언스 마스터스 **10**

실험실 지구 | 스티븐 슈나이더가 들려주는 기후 변화의 과학

1판 1쇄 펴냄 2006년 2월 10일
1판 2쇄 펴냄 2019년 6월 14일

지은이 스티븐 슈나이더
옮긴이 임태훈
펴낸이 박상준
펴낸곳 (주)사이언스북스

출판등록 1997. 3. 24.(제16-1444호)
주소 (06027) 서울특별시 강남구 도산대로1길 62
대표전화 515-2000 팩시밀리 515-2007
편집부 517-4263 팩시밀리 514-2329
www.sciencebooks.co.kr

한국어판 ⓒ (주)사이언스북스, 2006. Printed in Seoul, Korea.

ISBN 978-89-8371-940-9 (세트)
ISBN 978-89-8371-950-8 03400